环境检测样品前处理技术

滕明德　著

中国原子能出版社

图书在版编目（CIP）数据

环境检测样品前处理技术 / 滕明德著. --北京：
中国原子能出版社，2023.9

ISBN 978-7-5221-2980-8

Ⅰ．①环…　Ⅱ．①滕…　Ⅲ．①污染物–前处理　Ⅳ.
①X132

中国国家版本馆 CIP 数据核字（2023）第 177137 号

环境检测样品前处理技术

出版发行	中国原子能出版社（北京市海淀区阜成路 43 号　100048）
责任编辑	杨晓宇
责任印制	赵　明
印　　刷	北京天恒嘉业印刷有限公司
经　　销	全国新华书店
开　　本	787 mm×1092 mm　1/16
印　　张	12
字　　数	215 千字
版　　次	2023 年 9 月第 1 版　2023 年 9 月第 1 次印刷
书　　号	ISBN 978-7-5221-2980-8　　定　价　**72.00 元**

前　言

随着社会经济的不断发展、人民生活水平的不断提高，环境污染问题越来越受到关注，而环境污染物检测工作是环境管理的基础和重要依据。一个完整的环境污染物分析方法的建立一般包括目标分析物的确定、分析方法的选择、样品的采集、样品的前处理、样品的上机测定、数据处理以及分析结果报告等步骤。随着现代科学技术的迅速发展，各种采用高新技术的精密分析仪器不断涌现，分析仪器的水平不断提高，特别是现代电子技术、计算机技术以及自动化技术极大地推动了分析化学的发展。但是相比于现代仪器分析技术的快速发展，样品前处理技术目前存在着耗时长、提取液用量大、自动化程度低、操作复杂等诸多问题，前处理方法与技术的研究长期以来被忽视，使样品前处理技术成为制约分析化学发展的瓶颈。

环境样品前处理最主要的目的就是消除基体干扰，提高方法的准确度、精密度和灵敏度，是准确检测分析待测物过程的关键环节。环境样品检测结果的重复性和准确性以及方法的灵敏度都主要取决于样品前处理。也就是说，样品前处理的好坏直接影响最终的分析结果。因此，环境样品前处理是测定结果准确性和质量控制的关键因素。

本书主要对环境检测样品前处理技术进行介绍，共分为五章。第一章主要内容为环境检测与样品前处理技术概述，分别介绍了环境检测、环境污染物的分类与特点、环境污染物检测方法、环境检测样品前处理技术的作用、环境检测样品前处理技术的类别等几方面的内容；第二章主要对环境检测样品的采集、运输与保存进行了详细介绍，共分为四节，其中第一节主要介绍了水质样品的采集、运输与保存，第二节介绍了土壤样品的采集、运输与保存，第三节介绍了大气样品的采集、运输与保存，第四节介绍了质量保证和质量控制；第三章主要对环境中无机污染物的前处理技术进行了介绍，其中包括直接测定、显色反应、消解、蒸馏、搅拌、过滤、离心、沉淀、酸化—

吹气—吸收、加热蒸发、干燥、灼烧、浸出、超声提取、液-液萃取、离子交换；第四章主要对环境中有机污染物的前处理技术进行了介绍，包括液-液萃取、固相萃取、固相微萃取、顶空技术、超声萃取、振荡提取、索氏提取、加速溶剂萃取、微波辅助萃取、热解吸技术、超临界流体萃取；第五章的内容为环境中微生物检测的前处理技术，共分为五节，主要内容有微生物培养工具的清洁、微生物消毒灭菌、培养基的选择与配置、样品稀释、接种与培养。

在撰写本书的过程中，笔者得到了许多专家学者的帮助和指导，参考了大量的学术文献，在此表示真诚的感谢。本书内容系统全面，论述条理清晰、深入浅出。由于笔者水平有限，书中难免会有疏漏之处，希望广大读者批评指正。

目 录

第一章　环境检测与样品前处理技术概述

本章主要内容为环境检测与样品前处理技术概述，将分别介绍环境检测、环境污染物的分类与特点，环境污染物检测方法，环境检测样品前处理技术的作用，环境检测样品前处理技术的类别等几方面的内容。

第一节　环境检测

一、环境检测的概念

环境检测是运用现代科学技术手段对代表生态环境污染与质量的各类环境要素样品进行检验和测试的过程。它涵盖了样品采集、运输、保存、预处理、分析测试和数据处理等多个环节。环境检测的目的在于准确、有效地获取环境要素样品的性质、数量和浓度等信息，并将这些数据反馈给环境监管部门，为制定综合的生态环境保护策略提供科学依据。

二、环境检测在环境保护工作中的作用

环境检测工作采用系统化方法，涵盖污染现场调查、污染数据收集、检测数据分析和污染控制等环节。其目标是客观地获取环境数据，为环境保护工作提供准确的参考依据。

在环境检测中，通过对环境样品的采集和检测，可以全面了解污染源现状，包括其来源、性质和排放途径。此外，通过对环境质量变化趋势和相关后果的预测，可以评估环境的状态和发展趋势，为环境保护决策提供科学支持。

环境检测对于环境保护标准的制定也具有重要意义。环境保护主管部门借助环境检测所得数据，综合考虑不同时间和空间上环境质量的实际情况，

以确定自然环境中污染物含量的变化趋势，为制定环境保护相关标准提供重要参考数据。

综上所述，环境检测工作在环境保护中发挥着关键作用。通过系统化的方法和科学的数据分析，可以准确把握环境状况，预测环境趋势，并为环境保护措施的制定和实施提供科学依据。此外，环境检测为环境保护标准的制定提供必要的数据支持，确保标准的科学性和可行性。

三、环境检测的发展历史

环境检测的发展可以分为两个主要领域：环境检测方法和环境分析仪器。在我国，环境保护工作的起步阶段可以追溯到 20 世纪 70 年代初期。1973 年 8 月，我国召开了第一次全国环境保护工作会议，正式建立了环境保护机构。随后，在 1980 年 12 月，国务院环保领导小组办公室主办了第一次全国环境监测工作会议，此次会议标志着国家在环境监测方面的初步建设成果，建立了国家、省、市和县四级共 312 个监测站。进一步地，1983 年 12 月，第二次全国环境保护会议明确提出了"保护环境是我国一项基本国策"的指导思想，并制定了我国环保事业的战略方针，标志着我国环境保护工作正式进入了发展阶段。

经过 40 多年的发展，我国已经建立了一个相对完善的环境监测分析方法体系框架。20 世纪 80 年代，我国环境监测方法体系构建初期，原国家环保总局陆续发布了《水和废水监测分析方法》《空气和废气监测分析方法》《环境放射性监测方法》《工业固体废弃物有害特性试验与监测分析方法（试行）》等标准规范。20 世纪 90 年代，我国进入了环境监测方法体系发展期，地表水、环境空气、固定污染源、噪声、固体废物、土壤等环境要素的分析方法逐步得到了规范和完善。目前，环境保护部门已经颁布了近 400 项环境监测技术规范，并修订了 1 000 多项现行的环境监测分析方法标准。这些标准涵盖了水和废水、环境空气和废气、土壤和沉积物、固体废物、生物、微生物、噪声振动等主要环境要素。同时，环境保护部门还对监测技术规范、突发环境污染事故监测等领域的相关标准进行了修订。可以说，我国的环境监测方法标准体系正在逐步完善。

2015 年 7 月，国务院办公厅印发的《生态环境监测网络建设方案》（国办发〔2015〕56 号）明确了"加快推进生态环境监测网络建设""健全生态环境监测制度与保障体系"，必须"健全生态环境监测法律法规及标准规范体系"

的方针政策。环境监测主管部门构建完善的环境监测方法标准体系任重道远，一方面要根据工作需要及时修订完善环境监测方法标准，统一地表水、地下水、大气、土壤、污染源、生态、噪声、振动、辐射等技术标准规范；另一方面要确保各类监测部门和机构、排污单位等监测活动能执行统一的技术标准规范，增强各部门生态环境监测数据的可比性。目前，我国环境监测方法体系正在逐步完善，现行方法标准体系在提升我国环境监测技术水平、规范环境监测程序（过程）、提高监测数据的准确性和可比性、更好地服务和满足环境管理的需求等方面发挥了有力的技术支撑作用，但在具体工作中仍存在许多问题。

近年来，科技的快速发展推动了环境检测从传统的化学分析逐渐向仪器分析转变，手工操作则逐步被连续自动化所取代。在社会快速发展和对高效环境监测的需求下，高效、快速的检测分析仪器成为环境仪器领域的研究热点之一。仪器的联合使用和信息化已经成为发展趋势，联用技术使复杂的有机混合物分离和检定能够在短时间内完成。简而言之，现代科学技术的迅猛发展使环境分析仪器在精密化联用分析、多功能性、自动化、智能化、网络化等方面取得了显著提升。同时，环境分析逐渐趋向于痕量和超痕量级别，对样品前处理技术提出了更高要求。为了满足这些需求，分析测试方法不断创新，尤其关注高通量、自动化、低成本、健康环保、准确可靠的样品前处理技术。

第二节　环境污染物的分类与特点

环境污染物是指进入环境后引起环境组成和性质发生变化，对人类生存产生直接或间接有害影响，甚至导致自然生态环境退化的物质。这些物质大多由人类的生产和生活活动所产生。一些物质原本是生产中的有用物质，甚至是人类和生物所需的营养元素，但由于未被充分利用而被大量排放，这不仅浪费资源，还可能导致环境污染物的产生。因此，环境监测致力于研究环境污染物及其对环境和人类的影响，旨在有效预防和治理环境污染问题。

一、环境污染物的分类

环境污染物按照污染类型可分为大气污染物、水污染物和土壤污染物。大气污染物指的是在大气环境中存在的污染物质，如二氧化硫、氮氧化物和颗粒物等。水污染物是指污染了水体的物质，例如重金属、有机物和细菌等。土壤污染物则是指土壤中存在的对环境和生物有害的化学物质，如农药、重金属和有机污染物等。

根据污染物的形态，可以将环境污染物分为气体污染物、液体污染物和固体污染物。气体污染物主要以气体形式存在，如二氧化硫和一氧化碳。液体污染物则是以液体状态存在的污染物，如废水中的有机物和化学品。固体污染物则是以固体形式存在的污染物，例如垃圾、废弃物和污泥等。

根据污染物的性质，环境污染物可分为化学污染物、物理污染物和生物污染物。化学污染物是指由化学反应或化学物质的存在所导致的污染物，如有毒化学物质和化学废物。物理污染物主要指那些以物理方式对环境产生不利影响的污染物，如噪声、振动和电磁辐射等。生物污染物则是指那些由生物体所产生或携带的对环境有害的物质，包括细菌、病毒和有害生物等。

此外，根据不同人类社会活动的功能产生的污染物，也可以进行分类，主要考虑工业、农业、交通运输和生活四个方面。这种分类方法有助于对各类污染物的来源和特点进行更细致的研究和控制。

二、环境污染物的特点

（一）自然性

自然性是指环境中存在的污染物，它可以分为自然源和人工源两类。自然源污染物包括火山喷发释放的二氧化硫等，而人工源污染物则是由人类活动产生的，比如工业废水中的有机化合物。这些污染物以不同的方式进入环境，对生态系统产生各种影响。人类长期在自然环境中生活，对于自然源污染物具有较强的适应能力。研究表明，人体血液中 60 多种常见元素的百分含量与它们在地壳中的百分含量非常相似，这表明人类对自然界中的元素具有良好的耐受性。

然而，人工源污染物则对人类的耐受力相对较低。由人类合成的化学物质可能对人体健康产生潜在危害。因此，区分污染物的自然性或人工属性对于评估其对人类的危害程度至关重要。在环境监测与评估中，准确判断污染物的来源有助于采取合适的对策和控制措施，以保护人类的健康和生态系统的稳定。

（二）毒性

毒性是指环境污染物对生物体产生的危害程度。不同的化学物质具有不同程度的毒性，即使以微量存在，某些化学物质也可能对生物体造成严重的损害，而其他污染物在低浓度下可能对生物没有明显的影响。

毒性的评估是环境科学中重要的研究领域之一，涉及对污染物的毒性机制、毒性效应以及暴露水平的研究。通过实验室研究和实地观察，科学家可以确定不同污染物的毒性水平，并建立相应的毒性评价标准。

高毒性的污染物包括重金属、有机污染物、农药等。它们具有较强的生物蓄积性和持久性，在生物体内往往难以排泄，会导致慢性中毒，甚至是致命的毒性效应。

相比之下，在低浓度下对生物体产生明显影响的污染物相对较少。然而，在长期暴露的情况下，即使是低浓度的污染物，也可能对生物体的生理功能、免疫系统、生殖系统等产生潜在的不良影响。

（三）时间分布性

环境污染物的浓度存在时间上的变化。某些污染物可能表现出季节性变化，例如植物花粉过敏原，在花季时浓度会升高；而其他污染物可能在长时间内保持稳定，例如土壤中的重金属浓度变化较为缓慢。环境污染物的排放量和污染源的活动强度会随时间发生变化。例如，我国空气污染具有季节性特征，冬季空气污染最为严重，春秋季次之，而夏季最轻。同样，某工厂的污染物排放在不同时间段会有不同的种类和浓度。受污染的河流水体由于潮汐和丰水期、枯水期的不同，水中污染物的浓度也会随时间发生变化。交通噪声的强度会因不同时段车流量的不同而有显著差异。

在环境污染监测中，必须考虑环境污染物的时间分布特性，并监测同一监测点在不同时间段的数据。这可以提供更全面的污染信息，帮助我们了解污染物的变化规律，评估其对环境和人类的风险，以及制定和调整相应的环境保护措施。此外，准确监测和记录污染物在不同时间段的浓度变化，还能为环境管理和决策提供重要的参考依据。因此，在设计环境监测计划和数据采集方案时，应该充分考虑时间因素，确保获得准确、全面的污染数据。

（四）空间分布性

污染物进入环境后，随着水和空气的流动，将会经历稀释和扩散过程。这个过程受到污染物本身性质的影响，不同污染物的稳定性和扩散速度有所差异。因此，在环境监测中，需要综合考虑污染物的空间分布性，即不同空间位置污染物的浓度和强度分布情况。为了获得较为全面和客观的结论，在制订监测计划时必须根据相关规范要求，并结合现实情况。

污染物的空间分布通常不均匀。在靠近污染源的位置，污染物浓度往往较高，然后随着与源头距离的增加，浓度逐渐下降。这种分布规律主要受到污染源释放量、传输距离和环境介质（如大气、水体、土壤）的影响。同时，地理和环境因素也对污染物分布产生重要影响，如地形、气候和水流等。山区的地形和气候条件可能会导致一定的局部污染聚集，而水流的存在则可能将污染物输送至更远的区域。

为了准确评估环境污染的程度和影响范围，需要在合适的位置进行监测点的设置，以覆盖目标区域的不同范围和环境条件。

（五）活性和持久性

活性和持久性是描述污染物在环境中稳定性的两个重要特征。活性高的污染物在环境中或在处理过程中易发生化学反应，形成比原始物质更有毒的污染物，从而产生二次污染，对人体和生物造成严重危害。某些污染物具有较高的活性，即能与环境或生物体发生化学反应或产生生物活性。另外，一些污染物具有较高的持久性，难以降解，在环境中长时间存在，引起积累效应。

活性和持久性的特征对于评估污染物的环境归趋、生物累积潜力和生态风险具有重要意义。活性高的污染物可能在环境中迅速转化为更有毒的化合物，增加了对生物体的危害程度。这要求我们密切关注活性污染物的排放控制，并在处理过程中采取适当的防控措施，以减少二次污染的风险。同时，持久性污染物的存在可能导致它们在生态系统中长期蓄积，造成生物体内的累积效应，甚至对生态系统的稳定性产生负面影响。因此，对于持久性污染物的排放和处理需要加强监管，确保其对环境和生物的潜在风险得到控制。

（六）生物可分解性

部分污染物具有生物降解性，可以通过生物活性或微生物的作用被分解为无害物质，例如某些有机物可以被微生物降解为二氧化碳和水。然而，另一些污染物由于其分子结构的稳定性较高，难以被生物降解。在自然环境中，有一些污染物能被生物吸收、代谢并分解，最终转化为无害的稳定物质。大多数有机物都具有生物分解的潜力。

生物降解是指通过生物体内的生化反应，将有机物转化为较小的无害化合物的过程。微生物是主要的生物分解剂，它们具有各种酶系统，可以分解和利用不同种类的有机物。这些微生物通过降解、代谢和转化有机物，将其分解为二氧化碳、水、无机盐等化合物。生物降解的速率和效率受到许多因素的影响，包括环境条件、有机物的结构和浓度、微生物的活性等。

然而，并非所有污染物都能够被生物降解。某些污染物具有高度稳定的分子结构，使其难以被生物体内的酶系统识别和分解。这些污染物被称为持久性有机污染物（POPs），它们在环境中长时间存在，具有高度的环境稳定性和生物积累性，对生态系统和人类健康造成潜在风险。

（七）生物累积性

生物累积性是指存在一些污染物具有在生物体内逐渐积累的特性，当其浓度超过一定临界值时可能引发毒性效应。这一现象主要存在于食物链的顶层动物中，因为它们通过摄食其他生物来摄取污染物。某些污染物在环境中的浓度相对较低，但随着生物层级的升高，其浓度逐渐累积。因此，食物链顶端的肉食动物通常受到生物积累性污染物的最高影响。

一些污染物在人类或其他生物体内逐渐积累和富集，尤其是在内脏器官中出现长期积累。这种积累的过程是由于生物体无法有效代谢、转化或排泄这些污染物。随着时间的推移，这些积累性污染物的浓度逐渐增加，可能导致生物体内部的量变逐渐引发质变，从而引发病变，危及人类和动植物的健康。

（八）对生物体作用的加和性

环境中存在多种污染物，它们可能对生物体产生不同的作用。当不同的污染物同时存在时，它们的作用可能呈现加和性效应。

加和性效应指的是不同污染物同时对生物体产生的作用效果叠加，使整体效应大于单个污染物的效应之和。加和性效应可能出现在多个污染物具有相似的毒理效应机制或作用靶点时。例如，两种污染物都具有神经毒性作用，当它们同时暴露给生物体时，可能导致神经系统损伤的加重，从而对生物体造成更严重的影响。

此外，加和性效应还可能出现在不同污染物之间存在相互促进的关系时。例如，某些化学物质可以增强其他污染物的吸收、转运或代谢过程，从而增加其毒性。这种相互促进作用可能加剧毒性效应，使整体毒性超出单个污染物的预期效应。

需要指出的是，污染物之间的相互作用不仅限于加和性效应，还可能存在拮抗性或协同效应。拮抗性效应指的是两种污染物对生物体产生的作用互相对抗，使整体效应低于预期的加和效应。而协同效应则表示两种污染物的作用相互协同，使整体效应高于预期的加和效应。

因此，在环境污染物的评估和管理中，需要综合考虑不同污染物之间的相互作用，以及可能出现的加和性、拮抗性或协同效应，这样可以更全面地评估污染物对生物体的潜在风险，并制定有效的控制策略，保护生态系统的健康和增进人类的福祉。

第三节　环境污染物检测方法

环境污染物监测是运用现代科学技术方法对环境中的化学、物理和生物污染等因素进行监测和测定的过程，以分析其变化和对环境的影响。这是一个连续的、动态的过程。

环境检测的目标是鉴定和检验污染物和污染源的性质、数量和浓度。常见的化学污染物检测方法包括化学分析法和仪器分析法。化学分析法主要包括重量法和容量法，而仪器分析法主要包括光谱分析法、色谱分析法、电化学分析法和质谱分析法等。

随着科学技术的发展，新的检测技术也不断涌现，并被应用于环境污染物的检测。这些新技术不仅提高了检测的准确性和精度，还能够检测到更多的污染物种类和微量污染物。

总的来说，环境中化学污染物检测的常用分析方法包括化学分析法和仪器分析法。随着技术的进步，新的检测方法也在不断涌现，为环境保护和监管提供了更多的支持。

一、化学分析法

化学分析法是一种基于物质的化学反应原理进行分析的方法，广泛应用于环境污染物检测中，特别适用于常量物质的分析。作为环境检测分析方法的基础，化学分析法主要包括重量法和容量法。

（一）重量法

重量法是一种基于量化样品质量变化的分析方法，在环境污染物监测中得到广泛应用。该方法通过测量样品在化学反应中的质量变化来确定污染物的含量。常见的重量法包括滴定法、量烧法和沉淀法等。

滴定法是一种通过逐滴加入试剂与污染物反应并测定反应完毕时所需的试剂体积，从而计算出污染物含量的方法。量烧法则是通过加热样品使其发生化学反应，然后测量反应前后样品的质量变化来推算污染物的含量。沉淀法则是通过添加适量的沉淀剂使污染物形成沉淀，再通过质量差别计算出污染物的含量。

根据分离方法的不同，重量法还可以进一步细分为气化法、电解重量法和萃取重量法等。气化法是通过将被测组分转化为气态后进行重量测定；电解重量法是通过电解将被测组分分离出来，并通过质量测定计算其含量；而萃取重量法则是利用溶剂将被测组分从样品中提取出来，再经过质量测定得到其含量。

重量法的优点是准确度较高，通过直接称量样品质量就可以获得分析结果，无须依赖容量器皿的测量数据，并且无须使用基准物质进行对比，其测定误差通常小于 0.1%。然而，重量法的操作相对较烦琐，不适用于微量组分的测定。

在环境污染物监测中，重量法常用于测定大气中的颗粒物、水中的油、悬浮物等重量。通过该方法可以快速而准确地确定污染物的含量，为环境保护和污染治理提供重要依据。

（二）容量法

容量法也称滴定分析法，根据不同的反应类型主要分为酸碱滴定法、络合滴定法、氧化还原滴定法及沉淀滴定法。

1. 酸碱滴定法

酸碱滴定法又称中和滴定法，是一种基于酸碱反应原理的分析方法。它通过使用已知浓度的酸或碱滴定未知浓度的酸或碱溶液，当滴定过程中出现化学计量终点时，根据滴定所需的酸（碱）的体积，计算出被测物质的量。

酸碱滴定法在分析中具有一些优点，包括反应速度快、反应进行的程度高、副反应极少以及确定计量终点方法简便等。然而，该方法的实验操作过程相对较为烦琐。

在环境污染物监测中，酸碱滴定法常被应用于测定土壤、肥料、各种水体的酸碱度、氮和磷的含量，以及农药中的游离酸等方面。通过该方法，可以快速、准确地测定这些化学参数和成分，从而帮助评估环境质量和污染程度，为环境保护和农业生产提供重要的数据支持。值得注意的是，酸碱滴定法在实际应用过程中需要严格控制实验条件，确保结果的准确性和可靠性。

2. 络合滴定法

络合滴定法又称配位滴定法，是一种基于络合反应原理的分析方法。在络合反应中，配位剂提供电子对，与中心离子形成稳定的络合物。然而，由于络合反应通常涉及逐步生成的多级络合物，副反应较多，因此准确的滴定较为困难。此外，选择适当的金属指示剂也要满足一定的条件，这对络合滴定法的应用范围有一定限制。络合滴定法的优点在于能够同时测定混合溶液中多种离子的单个离子含量和总含量。它通过加入不同性质的络合修饰剂和调节酸度等条件来实施分析。其中，最常用的配位剂是乙二胺四乙酸（EDTA），它可与大多数金属离子形成稳定的配合物。EDTA 具有无逐步络合的特性，反应定量关系明确，反应速率快且水溶性良好。因此，在各种金属离子的滴定分析中得到广泛应用。在环境污染物监测中，络合滴定法主要用于测定水中钙、镁、氰化物以及水的总硬度等参数。通过使用络合滴定法可以准确测定这些离子的含量，进而评估水体的质量状况和环境污染程度。

3. 氧化还原滴定法

氧化还原滴定法是以氧化还原反应为基础的分析方法。在氧化还原滴定法中，可以根据指示剂在化学计量点附近颜色的改变来指示终点。此法优点是可以测定多种无机物和有机物；缺点是氧化还原反应机理比较复杂，有些反应常因伴有副反应而没有明确的计量关系，另外有些反应虽然可以在热力学上判断进行，但因反应速率极慢而给分析应用带来困难。氧化性和还原性标准溶液均可以作为滴定剂，常用的氧化还原滴定法有高锰酸钾法、重铬酸钾法、碘量法与间接碘量法、溴酸钾法和硫酸铈法等。在环境污染物监测中，高锰酸钾法主要用于测定地表水、饮用水和生活污水中的化学需氧量；碘量法用于测定水中溶解氧。

4. 沉淀滴定法

沉淀滴定法是基于沉淀反应的分析方法，这一分析方法的理论基础是被分析物与滴定剂发生沉淀反应。沉淀滴定法应用较广的是生成微溶性银盐的反应，即银量法。沉淀滴定法的缺点主要是沉淀反应形成的沉淀很多没有固定组成，而且有些沉淀本身溶解度较大，在化学计量点时反应不够完全，另外有些沉淀反应速度较慢，尤其对于晶形沉淀易形成过饱和现象，还有些沉淀反应没有合适的指示剂指示终点。在环境污染物监测中，该方法可以用于测定卤素以及氰根离子（CN^-）、硫氰根离子（SCN^-）等。

二、仪器分析法

仪器分析法是指采用比较复杂或特殊的仪器设备，通过测量物质的某些物理或物理化学性质的参数及其变化来获取物质的化学组成、成分含量及化学结构等信息的一类方法。主要有光谱分析法、色谱分析法、电化学分析法和质谱分析法。

（一）光谱分析法

光谱分析方法是基于物质与辐射能作用时，测量由物质内部发生量子化的能级之间的跃迁而产生的发射、吸收或散射辐射的波长和强度，以此来鉴别物质及确定它的化学组成和相对含量的方法。这些光谱是由于物质的原子或分子特定能级的跃迁所产生的，根据其特征光谱的波长可进行定性分析；而光谱的强度与物质的含量相关，可进行定量分析。

按波长区域不同，光谱可分为红外光谱、可见光谱和紫外光谱等；按产生光谱的基本微粒不同，光谱可分为原子光谱、分子光谱；按光谱表观形态不同，光谱可分为线光谱、带光谱和连续光谱；按产生的方式不同，光谱可分为发射光谱、吸收光谱和散射光谱。

第一，依据物质与辐射相互作用的性质，光谱分析法一般分为发射光谱法、吸收光谱法和散射光谱法3种类型。

发射光谱法是测量原子或分子的特征发射光谱，研究物质的结构和测定其化学组成的分析方法。发射光谱法主要包括：原子发射光谱法、分子磷光光谱法、化学发光法等。由于荧光光谱法测量的也是原子或分子的特征发射光谱，因此，所有的荧光光谱，包括原子荧光光谱、分子荧光光谱和X射线荧光光谱等均属于发射光谱法。

吸收光谱法是通过测量物质对辐射吸收的波长和强度进行分析的方法。吸收光谱法包括原子吸收光谱法、紫外-可见分光光度法、红外光谱法、电子自旋共振波谱法等。吸收光谱法被广泛应用于水质监测、空气质量监测以及土壤监测中的微量及痕量环境污染物的定性定量分析。

散射光谱法用于物质分析的主要为拉曼光谱法。

第二，依据物质与辐射相互作用时发生能级跃迁的粒子种类不同，光谱分析法可分为原子光谱法和分子光谱法。

属于原子光谱法的有原子发射光谱法（AES）、原子吸收光谱法（AAS）和原子荧光光谱法（AFS）以及 X 射线荧光光谱法。

属于分子光谱法的有紫外-可见分光光度法、红外光谱法、分子荧光光谱法和分子磷光光谱法等。

（二）色谱分析法

色谱分析法是一种重要的物理或物理化学分离分析方法，广泛应用于化学、生物、制药、环境等领域。它首先将混合物中的成分分离开来，然后逐一对各组分进行分析。

色谱法的分离原理：基于混合物中各组分在固定相和流动相中的溶解、解吸、吸附、脱附等性质的微小差异，当两相（固定相和流动相）相对运动时，各组分会随着移动在两相中反复受到上述各种作用而逐渐分离。这种分离过程可根据分子间相互作用的强弱差异进行调控，从而实现对复杂混合物成分的分离。

色谱法包括多种常见方法，如柱色谱法、薄层色谱法、气相色谱法（Gas Chromatography，GC）、高效液相色谱法（High-performance Liquid Chromatography，HPLC）等。根据流动相和固定相的性质和应用要求的不同，色谱法又可分为气相色谱法和液相色谱法两大类。

近年来，随着色谱仪器技术的不断发展和创新，色谱法在分析领域取得了许多突破和进展。例如，液相色谱法已经实现了更高的分离效能和更灵敏的检测方法，使得对复杂样品的分析变得更加精确和快速。同时，高分辨质谱联用技术（LC-MS）的应用也为色谱法带来了更高的分析能力和结构鉴定能力。

1. 气相色谱法

气相色谱法（Gas Chromatography，GC）是一种常用的分离和分析技术，特别适用于挥发性有机化合物的检测。它通过将样品中的组分分离开来，并利用各种不同类型的检测器进行分析。在气相色谱法中，常用的检测器包括以下几种。

火焰电离检测器（Flame Ionization Detector，FID）：对大多数有机化合物都有较高的灵敏度和通用性。

电子捕获检测器（Electron Capture Detector，ECD）：对具有电子亲和力的化合物（如卤代化合物）非常敏感。

质谱检测器（Mass Selective Detector，MSD）：结合质谱仪的高分辨能力，能够提供更准确的分析结果和结构信息。

氮磷检测器（Nitrogen Phosphorus Detector，NPD）：对氮和磷含量高的化合物（如农药和炔烃）具有很高的选择性和灵敏度。

火焰光度检测器（Flame Photometric Detector，FPD）：对硫、磷、锑和锡等元素的化合物具有高灵敏度。

热导检测器（Thermal Conductivity Detector，TCD）：对于不带有特定功能团的化合物，如气体和稀释剂，具有较高的灵敏度。

气相色谱法在环境科学和分析化学领域得到了广泛应用。它可以被用来检测环境介质中的挥发性有机物、半挥发性有机物、多环芳烃、卤代农药、有机磷农药、多氯联苯、多溴联苯醚、药物和个人护理用品等有机污染物。凡是能在气相色谱仪允许的条件下气化而不分解的物质，都可以使用气相色谱法进行分析。对于一些不稳定的物质或难以气化的物质，可以通过化学衍生化的方法进行前处理，然后使用气相色谱法进行分析。

随着科技的不断进步，气相色谱法也在不断发展。新的检测器和柱材的引入以及技术的改进使得气相色谱法具有更高的分辨率、更广的应用范围和更低的检出限，这使得气相色谱法成为环境分析和有机污染物检测的重要手段。

2. 液相色谱法

液相色谱法（Liquid Chromatography，LC）广泛应用于化学、生物、制药、环境等领域。液相色谱法根据固定相的不同可分为液固色谱、液液色谱和键合相色谱。

高效液相色谱仪（High-performance Liquid Chromatography，HPLC）是液相色谱法中常用的设备，它由高压输出泵、进样器、色谱柱、柱温箱、梯度控制装置、检测器以及数据处理和微机控制单元组成。HPLC通过液相将待分析样品中的各组分分离，利用固定相与流动相的相互作用实现分离。

液相色谱法中常用的检测器包括紫外吸收检测器（UV Detector）、荧光检测器（Fluorescence Detector）、电化学检测器（Electrochemical Detector）、示差折光检测器（Refractive Index Detector）、质谱检测器（Mass Selective Detector）等。其中，紫外吸收检测器是最常用的检测器，适用于多种化合物的分析。

在环境检测领域，液相色谱法广泛应用于高沸点、热稳定性差、相对分子量较大的有机污染物的检测。例如，它可用于检测水中的农药残留、有机溶剂、多环芳烃等物质，以及土壤、大气颗粒物等复杂样品中的有机污染物。液相色谱法在环境领域的应用不断发展，涌现出更高灵敏度、更高分辨率以及更快的分析速度的分析方法。

近年来，随着技术的不断进步，液相色谱法在分析领域取得了许多创新和进展。例如，超高效液相色谱法（Ultra-performance Liquid Chromatography, UPLC）的出现大大提高了分离效率和灵敏度，使得对复杂样品的分析更加快速和精确。此外，液相色谱与质谱联用技术（LC-MS）的结合，为分析带来了更高的选择性和结构鉴定能力。

3. 离子色谱法

离子色谱法（Ion chromatography，IC）是一种利用离子交换原理对溶液中的离子进行分离、定性和定量分析的方法。离子色谱法在化学、环境科学、生物科学等领域应用广泛。

离子色谱仪由色谱柱、样品进样系统、溶液配制系统以及检测器组成。色谱柱是离子交换树脂填充的管状材料，通过改变溶液的流动速度和配制不同的移动相（流动的溶液），可以实现对离子的分离。样品进样系统负责将待测样品引入色谱柱，溶液配制系统则提供合适的流动相。检测器可以根据离子的性质选择性地检测和测量离子的浓度。

离子色谱法可以用于分析一系列离子，包括无机阴离子（如氟离子、氯离子、硝酸根离子、硫酸根离子等）、无机阳离子（如钾离子、钠离子、镁离子、钙离子、铵离子）以及有机酸等。在环境检测中，离子色谱法常被用来检测饮用水中的污染物，如重金属离子和有毒阴离子。在食品安全领域，离子色谱法可以分析食品中的营养元素和添加剂。在生命科学领域，离子色谱法被应用于研究细胞内离子的浓度变化和离子通道的功能分析。

随着技术的不断发展，离子色谱法在以下方面取得了进展。首先，使用新型的离子交换柱材和修饰剂可以提高分离效率和灵敏度，增强分析能力。

其次，离子色谱法与质谱联用可以实现更精确的离子定性和定量分析。此外，自动化和高通量分析系统的引入，使离子色谱法更加高效和便捷。

4. 薄层色谱法

薄层色谱法（Thin-Layer Chromatography，TLC）是一种常用的色谱分离技术，广泛应用于环境样品的预分离和纯化。

薄层色谱法主要基于物质在固定相（通常是涂在薄层支持材料上的吸附剂）和流动相（溶液）之间的不同亲和力，实现样品中组分的分离。该技术的优势之一是操作简便、成本低廉。它通常用于样品预处理和初步分析，为更复杂的色谱技术提供参考。

在环境科学领域，薄层色谱法主要用于样品的预分离和纯化，特别是复杂样品中目标物质的富集和纯化。例如，在环境样品中，可能存在多种有机污染物，如多环芳烃或农药残留。使用薄层色谱法可以将目标物质从样品基质中分离出来，减少复杂性，从而有助于进一步分析和定量。

薄层色谱法具有以下特点和优势。

（1）快速和简便：薄层色谱法是一种非常迅速的分离技术，样品的准备和分析过程相对简单。

（2）低成本：相对于其他色谱技术，如高效液相色谱（HPLC）或气相色谱（GC），薄层色谱的仪器和耗材成本较低。

（3）多样的检测方式：薄层色谱法可以使用多种检测方式，如紫外-可见光检测器、荧光检测器、显色剂检测等，以更好地满足不同分析需求。

（4）可视化结果：与其他色谱技术不同，薄层色谱法分离结果可以直接在薄层板上进行可视化观察，即刻得到初步结论。

尽管薄层色谱法具有上述优势，但也存在一些限制。例如，分离效果相对较差，无法分离高极性物质。此外，对于复杂样品，可能需要配合其他色谱技术进行进一步的分析和确认。

总体而言，薄层色谱法是一种实用且经济的分离技术，在环境样品的预处理和初步分析中扮演重要角色。通过结合其他色谱技术，薄层分析法可以更全面地揭示样品中的有机污染物和其他化合物的组成和特征，为环境监测和研究提供支持。

（三）电化学分析法

电化学分析法是利用物质的电化学性质进行定量分析的一类方法。该法具有简便、快速、灵敏、较准确及易于实现自动连续测定等特点。电化学分析法依据电化学原理的不同，可将其进一步划分为电导分析法、电位分析法、库仑分析法和极谱分析法。

电位分析法是利用电极电位与化学电池电解质溶液中某种组分浓度的对应关系而实现的定量测定的方法，电位分析法可分为直接电位法和电位滴定法。直接电位法（或称离子选择电极法）利用膜电极把被测离子的活度表现为电极电位，在一定离子强度下，活度可转换为浓度，实现分析测定。

在电位分析法中所用的离子选择性电极主要有卤素离子电极、气敏电极、阳离子选择性电极等。其中氟离子电极在环境监测中应用最广泛，氟离子电极已成功地应用于自来水、天然水、海水、饮料、空气、尿液、植物、土壤等各种试样的测定。不同的气体电极可以分别测定大气、烟道气中的 NO_2、SO_2、CO_2 等物质，氨气敏电极可测定水样、土壤中的铵态氮、硝酸盐氮，飘尘中的氮和工厂排放废气、空气、废水中的氨，以及重金属合金中的氮等。

（四）质谱分析法

质谱法（Mass spectrometry，MS）是一种高效、灵敏的分析技术，可以用于分析和确定化学物质的结构、组成和分子量。它涉及将样品中的化学物质转化为离子，并根据离子的质荷比进行分离、鉴定和定量。

质谱法的基本原理是将分析物转化为气相离子，并通过电场作用将其分离为具有不同质荷比的离子。这些离子根据质荷比进入质谱仪中，经过质谱分析和检测后，可以获得关于分子结构、组成和相对丰度等信息。

质谱法可以分为多种类型，其中常见的包括质谱质谱（MS/MS）、气相色谱质谱（GC-MS）、液相色谱质谱（LC-MS）等。

质谱质谱（MS/MS）：通过对质谱仪中已分离的离子进行进一步的碰撞解离，获得更多的结构信息和离子片段，提高分析的特异性和准确性。

气相色谱质谱（GC-MS）：将样品通过气相色谱柱分离后，再进入质谱仪进行分析。常用于挥发性或半挥发性有机化合物的定性和定量分析。

液相色谱质谱（LC-MS）：将样品通过液相色谱柱进行分离，再进入质谱仪进行分析。适用于极性、疏水性和生物大分子等多种化合物的分析。

质谱法在多个领域广泛应用。在药物研发中，质谱法用于药物结构验证、药代动力学研究和药物代谢分析。在环境科学中，质谱法用于检测和定量有机污染物、重金属离子和环境样品中的其他有害化合物。

三、生物监测技术

（一）大气污染的指示生物监测

大气污染的生物监测是通过采集、分析和评估生物体（如植物、动物、微生物等）对空气中污染物的响应和影响来评估大气环境的质量和健康风险的。以下是一些常见的大气污染生物监测手段。

植物指示：特定植物物种对于某些污染物具有较高的敏感度和累积能力。通过观察植物的形态、生长状态、叶片化学成分等来评估空气中的污染水平。例如，苔藓和地衣常用于评估大气中的重金属污染，若发现异常叶片损伤或变色，可提示污染程度。

苔藓（lichen）作为生物指示器，可以评估大气环境中的空气污染物含量和类型。苔藓是一种特殊的生物体，是由藻类和真菌共生形成的复合生物体，可以长时间生长在固体表面，如树皮、岩石等，对环境中的污染物具有较高的敏感性和累积能力。因此可以通过分析苔藓或地衣中的重金属和有机物的含量来判断空气质量。

动物生物指示：通过观察动物种群的健康状况、生殖繁衍能力和肺部疾病的发生情况等来评估大气污染对动物的影响。例如，鸟类的死亡数量、鱼类的富营养化反应等都可以作为生物监测的指标。

昆虫生物指示：某些昆虫对空气中的污染物具有较高的敏感性，它们的种群数量和个体状况可以反映空气中污染物的程度和影响程度。

微生物监测：通过分析空气中的微生物群落组成、多样性和活性来监测大气污染的情况。微生物可以作为生物指示器来评估空气中的细菌、真菌和其他微生物的种类和数量。

人体健康监测：通过分析人体生物标志物（如血液、尿液等）中的污染物含量来评估大气污染对人体健康的危害。

这些生物监测手段相互补充，可以提供对大气污染的全面评估。不同的监测手段适用于不同的污染物和生物组群，可以辅助环境监测和管理工作，帮助改善环境质量和人类健康。

（二）水质生物监测

水质生物监测是指利用水体中的生物群落（如浮游生物、底栖生物、鱼类等）作为指示器，通过对其物种组成、数量、健康状况和生态功能的评估，来判断水体质量和健康状态的监测方法。水质生物监测可以提供关于水体生态系统的综合信息，对水环境质量进行评估和管理具有重要意义。

目前，我国用于水质毒性监测的指示生物主要有四种：菌类、藻类、蚤类和鱼类。下面是一些常见的水质生物监测方法。

水生生物群落生物多样性研究：通过采集和鉴定水体中的生物多样性，包括浮游生物（如浮游植物和浮游动物）和底栖生物（如昆虫、蠕虫、贝类等），来评估水体的营养状态、水质污染和生态系统健康状况。

鱼类监测：通过鱼类的种类组成、数量和健康状况来评估水体质量。鱼类是水体生态系统中的关键生物指示器，对水体污染、水流环境变化等具有较高的响应能力。

流域级生态评估：通过调查和监测流域中的底栖生物、植物和鸟类等生物群落，来评估流域的生态功能、水质状况和可持续管理。

生物指标的应用：使用特定的生物指标，如水生昆虫的敏感度指数、浮游植物的类群组成、底栖无脊椎动物的丰度等，来评估水体质量和生态系统健康状况。

水生生物生理和生态毒理学研究：通过对水生生物的生理指标和生态毒理学效应的测定，如呼吸、饮食行为、繁殖能力、生殖细胞质量和毒物暴露的反应等，来评估水体中的污染物对生物的影响和生态风险。

第四节　环境检测样品前处理技术的作用

一、样品浓度调节

样品浓度调节是前处理技术的一个主要方面。样品浓度调节的作用主要包括以下几个方面。

提高分析的灵敏度：某些环境污染物的含量可能非常低，处于追踪或痕量水平。通过样品浓度调节，可以将污染物的浓度提高到更容易检测的水平，从而提高分析的灵敏度。

去除过高的背景干扰：在环境样品中，可能存在大量背景干扰物质，如盐类、有机物等。这些干扰物质会对分析结果产生干扰。样品浓度调节可以通过稀释或浓缩样品，使背景干扰物质的影响降到最低，以获得更准确的分析结果。

调整样品的适宜浓度范围：某些分析方法对样品浓度有特定的要求，如果样品浓度过高或过低，可能会影响分析的准确性和可靠性。样品浓度调节可以使样品的浓度落在适宜的范围内，以确保分析的准确性和可靠性。

辅助样品前处理步骤：有些样品前处理步骤需要在特定的浓度条件下进行。样品浓度调节可以帮助完成这些特定的前处理步骤，如提取、浓缩、萃取等。

二、去除干扰

对于环境样品的分析，其中一个重要的前处理技术是去除干扰物质、常用的有过滤、离心、净化等，去除干扰的作用如下。

提高分析灵敏度。在环境样品中，常常存在多种干扰物质，如有机物、无机盐类、悬浮颗粒等。这些干扰物质可能会降低分析仪器的灵敏度或产生不希望的峰背景信号，影响对目标污染物的检测。通过前处理技术去除这些干扰物质，可以提高分析的灵敏度，使目标污染物更容易被检测到。

增强分析结果的准确性。干扰物质可能与目标污染物相互干扰，干扰物质的存在会导致分析结果偏高或偏低。去除干扰物质可以减少这种干扰，从而获得更准确的分析结果，更准确地评估环境污染物的浓度或负荷。

保护分析仪器。某些干扰物质可能对分析仪器造成损害，例如堵塞柱和射流、产生背景噪声等。通过前处理技术去除这些干扰物质，可以保护分析仪器免受损坏，延长仪器的使用寿命。

符合监管标准和质量要求。在环境监测中，通常需要对样品进行分析以确定其是否符合国家或国际的监管标准和质量要求。去除干扰物质可以提高分析结果的准确性和可靠性，使监测结果更有说服力，更能够满足监管标准和质量要求。

三、萃取和分离富集

当样品基质不适合直接进行后续的分离或仪器检测时，需要将分析物从原来的样品基质中提取到其他介质中（利用分析物在不同介质中的溶解度不同实现介质置换）。提取是一个复杂的过程，是被测组分、样品基质和提取溶剂（或固体吸附剂）三者之间的相互作用与达到平衡的过程。常用的有液-液萃取、液-固萃取、固相萃取、超声提取、超临界流体萃取、柱色谱萃取等。

常用的样品分离富集方法包括以下几种。

沉淀法：形成了无机沉淀、有机沉淀、共沉淀等完整的体系。

蒸馏挥发法：利用水样各组分沸点不同，采用蒸馏法而使其彼此分离。测定水样中的挥发酚、氰化物时均需先在酸性介质中进行预蒸馏分离。蒸馏具有消解、富集和分离 3 种作用。

溶液萃取分离法：在无机分析方面，螯合物萃取体系、离子缔合物萃取体系及酸性磷类萃取体系广泛应用于痕量元素的萃取分离；有机溶剂的液-液萃取在有机物分析上是一种有效的提纯手段。

离子交换法：利用离子交换剂与溶液中的离子发生交换反应进行分离。离子交换剂可分为无机离子交换剂和有机离子交换剂（离子交换树脂）。

吸附法：在无机领域，使用黄原棉等吸附剂；在有机领域，硅胶、活性炭、多孔高分子聚合物等应用最广泛。利用多孔性的固体吸附剂将水样中一种或数种组分吸附于表面，以达到分离的目的。常用的吸附剂有活性炭、氧化铝、分子筛、大网状树脂等。被吸附富集于吸附剂表面的污染组分，可用有机溶剂或加热解吸出来供测定。

色谱法：薄层色谱法、萃取色谱法、柱色谱法、离心色谱法、高效液相色谱法、毛细管色谱法等在各自的领域发展很活跃，色谱法的发展代表了分离富集技术发展的主要方向。

层析法：分为柱层析法、薄层层析法、纸层析法等，吸附剂分为无机吸附剂和有机吸附剂。

样品分解：形成了完整的各类热分解、酸分解、碱分解、融熔盐分解、酶分解体系，包括干法、湿法等各种方法。设备方面有自动控制高温炉、自控振荡器、超声波提取器等。

四、转化被测物

把不可测物质转化成可测物质，不稳定物质转化成稳定物质。环境样品中很多待测物质对分析方法、分析仪器没有响应或者待测物质本身不稳定，是很难被直接测定的。在前处理过程中加入特定的试剂使待测物转化为可直接测定的物质，常见的方法有显色反应、衍生化法等。

显色反应：在环境检测中，很多待测物不能通过本身的颜色进行光度分析，因为它们的吸光系数值都很小，一般都是选择适当的试剂，将待测物转化为有色化合物，再进行测定。这种将试样中被测组分转变成有色化合物的化学反应，叫显色反应。显色反应有氧化还原反应和配位反应。显色反应能否满足光度法的要求，除了与显色剂的性质有关，控制好显色反应的条件也是十分重要的。显色条件包括显色剂用量、酸度、显色温度、显色时间及干扰的消除。

衍生化是一种利用化学变换把难于分析的物质转化为与其化学结构相似但易于分析的物质，或者说使一些正常在检测仪器上没有响应或响应值很低的化合物转化为检测灵敏度更高的物质。一般来说，一个特定功能的化合物参与衍生反应，溶解度、沸点、熔点、聚集态或化学成分会产生偏离，由此产生的新的化学性质可用于量化或分离。气相色谱中应用化学衍生反应是为了增加样品的挥发度或提高检测灵敏度，而高效液相色谱的化学衍生法是指在一定条件下利用某种试剂（化学衍生试剂或标记试剂）与样品组分进行化学反应，反应的产物有利于色谱检测或分离。一般化学衍生法主要有以下几个目的：提高样品检测的灵敏度；改善样品混合物的分离度；适合于进一步做结构鉴定，如质谱、红外或核磁共振等。

第五节　环境检测样品前处理技术的类别

一、按样品类别分类

按照环境样品形态来分，主要分为固体样品、液体样品、固液混合样品、气体样品以及生物样品的前处理技术。

（一）固体样品前处理技术

包括土壤、沉积物、建筑材料等固态样品的前处理技术。用于固体样品的前处理技术主要包括采集、分散、干燥、研磨、溶解、索氏提取、快速溶剂提取、微波辅助萃取、超临界流体萃取、超声提取、振荡萃取、静态顶空和动态顶空、湿法消解、微波消解、干灰化法。

（二）液体样品前处理技术

主要应用于水样、溶液等液体环境样品的前处理。这些技术包括样品的过滤、沉淀、浓缩、萃取（液-液萃取、固相萃取、固相微萃取、静态顶空及动态顶空）、净化和稀释等步骤，以减少干扰物质、调整样品浓度、提取目标污染物或净化样品。

（三）气体样品前处理技术

气体样品的前处理方法有固体吸附管溶剂解吸技术、固体吸附管热解吸技术、气体样品的冷阱二次富集解吸技术、吸收液富集技术、全量空气法等。

二、按分析物类别分类

按照环境分析物类别来分，主要分为有机污染物、金属污染物及非金属无机污染物的前处理技术。

（一）有机污染物检测的前处理技术

有机污染物的检测涉及复杂样品的处理和目标分析物的富集。以下是有机污染物检测常用的前处理技术。

溶剂萃取：溶剂萃取是将有机污染物从样品矩阵中萃取出来的常用技术。常用的有机溶剂包括正己烷、二氯甲烷、苯等。样品与溶剂进行提取，然后通过分离、浓缩等步骤得到目标分析物的溶液。

固相萃取：固相萃取（Solid-Phase Extraction，SPE）是一种常用的前处理技术，通过使用固定在固相萃取柱中的吸附材料选择性地吸附目标分析物，而去除干扰物质。根据吸附材料的不同，可分为正相 SPE 和反相 SPE 等。

气相萃取：气相萃取（Gas Phase Extraction，GPE）是一种将有机污染物从固体、液体或气体的样品中富集到气相中的技术。常见的气相萃取方法包括固相微萃取（Solid-Phase Microextraction，SPME）和动态气相萃取（Dynamic Headspace Extraction）等。

液-液萃取：液-液萃取是通过选择性地将有机污染物从样品中转移到一个液相中。常见的液-液萃取方法包括液-液分配、液-液微萃取等。

热解吸：热解吸（Thermal Desorption）是一种将固体或液体样品中的有

机物通过加热释放到气体相的技术。常见的热解吸方法有热解冷凝（Thermal Desorption-Gas Chromatograph/Mass Spectrometry，TD-GC/MS）等。

（二）金属污染物检测的前处理技术

酸溶解：酸溶解是一种将固体样品中的金属污染物转移到溶液中的常用技术。通过加入适当的酸（如硝酸、盐酸等），将固体样品加热或反应，并将金属溶解为溶液中的金属离子。

碱溶解：碱溶解用于将含有铝、铬、锰等金属的固体样品进行分解。常见的碱溶解方法包括使用氢氧化钠或氢氧化铵等碱性试剂，通过热解或加热溶解样品。

热解：热解用于将有机体和无机体样品中的金属转化为气体态。样品通过高温热解装置加热，金属污染物释放为气体，然后通过气体分析仪器进行分析。

萃取：金属污染物的萃取可以使用各种有机试剂或络合剂。例如，萃取剂（如酸性萃取剂、螯合剂等）可用于选择性地萃取特定金属离子。

（三）非金属无机污染物检测的前处理技术

具体包括直接测定、显色反应、消解（电热板消解、灭菌锅消解、碱熔消解）、蒸馏、搅拌（玻璃棒搅拌、转子搅拌）、过滤（一般过滤、抽滤、压滤）、离心、共沉淀、氨吹、加热蒸发（水浴、沙浴、油浴）、干燥、灼烧、浸出（水平振荡、翻转振荡）、超声提取、液-液萃取、离子交换等。

第二章　环境检测样品的采集、运输与保存

环境样品分析包括样品的采集、保存、预处理、样品测定和对测量结果的分析等过程。环境样品分析工作中，有很多因素会使分析结果出现偏差或误差，如样品被污染、分析方法不恰当、试剂纯度达不到要求、测定过程中仪器设备的测量偏差等都会导致测量结果的不准确。实验表明，采样往往是最大且是最主要的误差来源，因此对各种样本的采集都应有明确的技术规定。比如，水样采样应明确采样位置的选择、采样器皿在采样前的洗涤以及采样后的运输保存等要求。气体采样亦应规范采样器流量的恒定和校准、吸收液、滤膜的保存等过程。由于环境体系组成十分复杂，因此采集的环境样品必须同时满足其代表性和完整性两个基本要求。为确保分析测试结果的有效性，还应采取相关的质量保证措施。

本章主要对环境检测样品的采集、运输与保存进行详细介绍，共分为四节内容。其中第一节主要介绍水质样品的采集、运输与保存，第二节介绍土壤样品的采集、运输与保存，第三节介绍大气样品的采集、运输与保存，第四节介绍质量保证和质量控制。

第一节　水质样品的采集、运输与保存

得到准确的水质分析数据不仅需要有良好的分析方法、熟练的实验操作、先进的测试技术和精密的分析仪器，更需要的是适当的采样方法、样品能够及时送达实验室以及正确的样品保存方法。倘若忽略了水样采集、运输与保存的重要性，那么所得的检测数据就失去了它的价值，甚至会得出错误的结论。污染物在水中会呈现不均匀的分布状态，因此需要根据相关资料考虑污染物的时空分布，优化设计采样位置，以便采集到具有代表性的有效样

品。采集到的样品需要及时、有效地送到分析实验室进行下一步分析。

一、水质样品的采集

样品的采集是整个分析过程中极其重要的环节，也是一个实践性很强的过程。样品的采集有一定的要求，应根据具体情况制订合适的采样计划。例如，有些情况在某点采集瞬时样即可，而有些情况则需要用复杂的采样设备进行采样。静态水体和流动水体不同，确定采样方法时应加以区别。对静态水体而言，样品采集可选用瞬时采样或混合采样法，而对流动水体来说，则可选用周期采样或连续采样法，亦可与静态水体一样，采用瞬时采样或混合采样法。混合采样更适用于静态水体。

（一）水质样品采样方法

1. 开阔河流的采样

确定开阔河流水样采集点应遵循在河流横向及垂直方向的不同位置采集样品的原则。采样时间一般选择在采样前至少连续两天晴天的时候，且水质较稳定（特殊需要除外）。采样时间应在充分考虑人类活动、工厂企业的工作时间及污染物到达时间的基础上确定。另外，如果在潮汐区采样，应考虑潮汐情况，保证将水质最坏的时刻包括在采样时间内。对开阔河流进行采样时，应包括下列 5 个方面。

（1）在用水地点的采样。

（2）污水流入河流后，应在充分混合的地点以及流入前的地点采样。

（3）支流合流后，在充分混合的地点及混合前的主流与支流地点的采样。

（4）主流分流后地点的选择。

（5）根据其他需要设定的采样地点。

2. 封闭管道的采样

与开阔河流采样中所遇到的问题类似，在封闭管道中采样，采样器探头或采样管不能靠近管壁、湍流部位，而应妥善地放在进水的下游。一般来讲，"T"形管、弯头、阀门的后部等管道中的液体可充分混合的位置，可作为最佳采样点。但是，这种情况对于等动力采样（也称为等速采样）不适用。

对于自来水管或抽水设备中水样的采集，为使滞留在水管中的杂质及陈旧的水能够充分排出，应根据其使用程度放水数分钟后再采样。采集水样前，应先用水样洗涤采样器容器、样品瓶及其塞子 2~3 次（待测物质为油类化合物除外）。

3. 水库和湖泊的采样

水库和湖泊的水质采样需要根据不同地点和温度的分层现象进行。为了准确了解水质状况，需要考虑循环期和成层期水质的差异。采集表层水样可以了解循环期水质，而了解成层期水质则需要按深度进行分层采样。

在调查水域污染状况时，需要进行综合分析判断，并抓住基本点，以获取代表性的水样。例如，可以选择废水流入前、流入后充分混合的地点、用水地点、流出地点等进行采样。有些情况可以参照开阔河流的采样方法，但不能简单等同对待。

在可以直接汲水的场合，可以使用适当的容器（如水桶）进行采样。如果需要在桥上等位置采样，可以使用系着绳子的聚乙烯桶或带有坠子的采样瓶投入水中进行取样。需要注意的是，不要混入漂浮在水面上的物质。如果需要采集一定深度的样品，可以使用直立式或有机玻璃采水器。这类装置在下沉的过程中，水会从采样器中流过。当达到预定深度时，容器能够闭合并汲取水样。在水流缓慢的情况下，使用上述方法时应在采样器下系上适当重量的坠子，而在水流急速时则需使用相应重量的铅鱼，并配备绞车等设备。

采样过程中应当注意的问题如下。

（1）采样时不可搅动水底部的沉积物。

（2）采样时应保证采样点的位置准确，必要时使用 GPS（全球定位系统）定位。

（3）认真填写采样记录表，字迹应端正清晰。

（4）保证采样按时、准确、安全。

（5）采样结束前，应核对采样方案、记录和水样，若有错误和遗漏，应立即补采或重新采样。

（6）如采样现场水体很不均匀，无法采集到有代表性样品，则应详细记录不均匀的情况和实际采样情况，供使用数据者参考。

（7）测定油类的水样，应在水面至水面下 300 mm 采集柱状水样，并单独采样，全部用于测定，采样瓶不能用采集的水样冲洗。

（8）用于测定溶解氧、生化需氧量和有机污染物等指标的水样，必须注满容器，不留空间，并采取水封。

（9）如果水样中含沉降性固体，如泥沙等，应分离除去，分离方法为将所采水样摇匀后倒入筒形玻璃容器，静置 30 min，将已不含沉降性固体但含有悬浮性固体的水样移入乘样容器并加入保存剂，测定总悬浮物和油类的水样除外。

（10）用于测定湖库水中 COD、高锰酸盐指数、叶绿素 a、总氮、总磷的水样，应当静置 30 min 后，用吸管一次或多次移取水样，吸管进水尖嘴应插至水样表层 50 mm 以下位置，再加保存剂保存。

（11）用于测定油类、BOD_5、溶解氧、硫化物、余氯、粪大肠菌群、悬浮物、放射性等项目的样品需要单独采样。

4. 污水的采样

污水的采样较其他一些水体的采样要复杂。首先要确定采样的频次，对于不同的监督性要求或企业的生产周期和生产特点等确定采样的频次。

采集样品时，通常应考虑的因素如下。

（1）污水的监测项目根据行业类型有不同要求。在分时间单元采集样品时，测定 pH、COD、BOD_5、溶解氧、硫化物、油类、有机物、余氯、粪大肠菌群、悬浮物、放射性等项目的样品，不能混合，只能单独采样。

（2）自动采样用自动采样器进行，有时间等比例采样和流量等比例采样。当污水排放量较稳定时，可采用时间等比例采样，否则必须采用流量等比例采样。

（3）采样的位置应在采样断面的中心，在水深大于 1 m 时，应在表层下 1/4 深度处采样，水深小于或等于 1 m 时，在水深的 1/2 处采样。

（二）采样设备

1. 测定物理或化学性质的采样设备

为了检测水体中各种规定的参数以便评价水质特性，要求所取水样必须具有代表性，同时所采集样品的体积应满足分析和重复分析的需要。另外，小体积的样品也会因比表面积大而使其吸附严重，进而造成较大的误差。所以在采样前应首先根据检测项目的本质需求，考虑选择适合的采样方法，包括采样设备和采样器等。

采样设备应满足 4 个方面的要求。第一，样品和容器的接触时间短。第二，采样容器的材质应具有化学惰性，尽可能与水样不发生反应。塑料材质采样器适用于无机污染物、重金属和放射性元素等的测定，玻璃材质的采样器适用于有机物和生物等的测定。第三，采样设备易清洗，表面光滑，无弯曲物干扰流速，尽可能减少旋塞和阀的数量。第四，有适合采样要求的系统设计。

（1）手动采样设备

瞬时采样采集表层样品时，一般使用表层采样器（如吊桶和广口瓶等），将其浸没表层水下采集样品，待注满水后，再提出水面。当水面有漂浮物时，采集的样品将不具有代表性和再现性。

① 综合深度采样设备。综合深度法采样法需要一套可以固定采样瓶并使之沉入水中的机械装置。以均匀的速度将具有配重的采样瓶浸没水中，如此水样将会通过样品瓶注入口采集整个垂直断面的各层水样。采样瓶沉降或提升的速度应随水体深度的不同而变化，或者采样瓶具备可调节的注入口，以便在水压变化的情况下，保持注水流量恒定，进而使采集的样品能够混合不同深度的等分水样。

采集不同深度的样品也可采用排空式采样器，比如德润环保科技有限公司的 DR-801A 桶式定深型水质采样器（图 2-1-1），即选定深度定点采样。此方法是不连续的采集，在同一垂直线上，从表层到沉积层之间，或其他设计深度之间的样品，经混合后所得的样品。排空式采样器是一种手动、简便易行的采样器。它是由玻璃或塑料制成的两端开口，侧面有刻度、温度计的圆筒式采样器，其下侧端接有胶管，底部有配重。顶端和底端各有同向向上开启的两个半圆盖子，当采样器沉入水中时，两端各自的两个半圆盖子随之向上开启，此时水样不停留在采样器中，到达预定深度上提，两端半圆盖子随之盖住，即采到所需深度的样品。

图 2-1-1　DR-801A 桶式定深型水质采样器

以上介绍的是两种综合深度法的采样设备。除此之外，目前市场上还有其他同等效果的采样器，如德润环保科技有限公司的 DR-803G 定深采样型水质自动采样器（图 2-1-2）。它具有采样深度可调节、深度等比例、时间等比例、复合采样和远程启动等多种采样模式。

定深采样设备还可以采集单个固定深度样品，但对于某些具有特殊要求的样品（如溶解氧样品），此法不适用。可采用南森采水器（Nansen bottle），又称颠倒式采水器，采集设计深度的水样，比如德国 HYDRO-BIOS 公司 TPN 型颠倒式采水器（图 2-1-3）等。

图 2-1-2　DR-803G 定深采样型水质自动采样器　　图 2-1-3　TPN 型颠倒式采水器

② 抓斗式采泥器和抓斗式挖斗。抓斗式采泥器，如丹麦 KC-Denmark 公司生产的 Van Veen 抓斗式采泥器（图 2-1-4）主要用于河流、湖泊、水库及浅海区等水域的沉积物（底泥）表层样品的采集。抓斗式采泥器可以从任意预定深度进行采样。采泥器利用自身重力沉入水体，此时两根抓斗杆被锁定，采泥口处于打开状态。当它与沉积物层接触时，闭合器被释放；当绳缆被拉紧并向上拉动时，采泥器口就会关闭。所采样品的性质受污染物贯穿泥层的深度、齿板锁合的角度、锁合效率（避免物体障碍的能力）、样品的稳定性等因素的影响。因此，可根据采样要求的不同，如采样面积、采样环境以及水流情况的不同，采样器弹簧制动、重力或齿板锁合方法的不同等，选择不同型号、不同功能的抓斗式采泥器。采样过程中应避免引起水体扰动，以防样品流失和在泥水界面上冲掉样品部分组分或微生物样品。

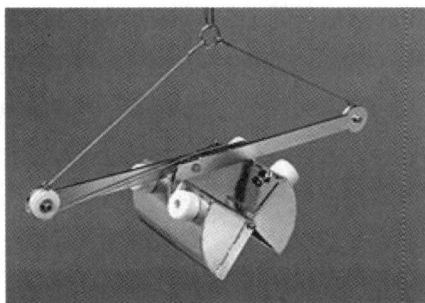

图 2-1-4　Van Veen 抓斗式采泥器

抓斗式挖斗与地面挖斗设备类似，它们同样是通过一个吊臂将其沉降到选定的采样点上进行采样。抓斗式挖斗具有受水流影响较小、水下定位准确、采集混合样品量大等优势，因此，在需要量较大的情况下，应用抓斗式挖斗采集到的样品比使用采泥器采集到的样品更能准确地代表所选定的采样地点。

③ 岩芯采样器。岩芯采样器可采集沉积物垂直剖面样品。采集到的岩芯样品不具有机械强度，从采样器上取下样品时应小心保持泥样纵向的完整性，以便得到各层样品。

④ 溶解性气体或挥发性物质的采样设备。倘若不要求精确测定溶解性气体或挥发性物质，可采用采样瓶/桶来收集水质样品。采样时应注意采集水质样品时如果用到了泵系统，则泵水的压力不能明显低于大气压，且样品应直接泵入容器中。采样误差主要源于样品和空气的接触，误差的大小随气体在水中的饱和度而变化。因此，样品从泵出口处流到采样瓶中，应用一条柔软且有化学惰性的管子将样品输送到样品瓶的底部，防止样品因大面积接触空气而被污染。在冰面覆盖的水体中采集溶解氧样品时，要特别注意，避免样品被空气污染。

（2）自动采样设备

自动采样设备可以根据是否连续分为连续或非连续自动采样器；也可根据适用场合分为在线采样器和便携式采样器；还可以根据功能不同分为分瓶自动采样器和混合自动采样器。自动采样设备具有多种优势：多种采样模式，包括定时、定流量间隔、定比例和由外部因素触发等；自动化程度高，无须人工操作，可以满足各种需求的样品采集，大大减少工作人员工作量。随着技术的发展，目前市面上售卖的采样设备花样繁多，但它们都必须满足一定的技术要求，可参考《水质自动采样器技术要求及检测方法》（HJ/T 372—2007）等规定。

值得一提的是，当采集完的样品不能及时转移保存时，并且需要在采样器中保留一段时间的情况下，首先应确保待测组分不会损失。其次，采样器不应污染样品，尽量使用具有化学惰性材质的采样器，如聚四氟乙烯、不锈钢材料等。当水样中含有颗粒沉淀物时，采样时水流流量应足够大，以防颗粒物沉降，导致检测信息不准确，入水口推荐使用内径大于 9 mm 的管道。除此以外，采样设备应定期进行清洗和维护保养。

① 非比例自动采样器。非比例自动采样器包括非比例等时连续/不连续自动采样器、非比例等时混合自动采样器、非比例等时顺序混合自动采样器

以及非比例连续自动采样器。非比例等时采样器是按照设置的时间间隔和采样顺序，自动将一定量的样品从采样点采集到收集瓶内，而连续采样器则是不间断地采集样品到收集瓶内。

②比例自动采样器。比例自动采样器包括比例等时/不等时混合自动采样器、比例连续/不连续自动采样器和比例等时顺序混合自动采样器。根据不同的采样需求，比例自动采样器可以按照设置的采样时间间隔，或是设置一定的采样体积，或与排污量成比例连续或不连续地采集不同个数的样品。

除以上采样设备外，作者根据日常环境检测开展的实际情况，开发了水质采集、土壤采集装置。

（1）水样采集装置

在环境监测以及检测领域，样品采集过程占了整个工作总量的三分之一以上，其中水环境的样品采集最为繁重，在西南地区，山高路远、人迹罕至的情况常有发生，部分支流甚至无路可达，也有采样人员到达采样点后发现就差几米却因坎或泥潭等出现难以采样的情况。在这种情况下就急需一种简单、便携好用的采样工具来完成近在咫尺的水样采样采集工作。

为实现上述目的，本书设计了一款便携式水样采集装置，如图 2-1-5 所示。

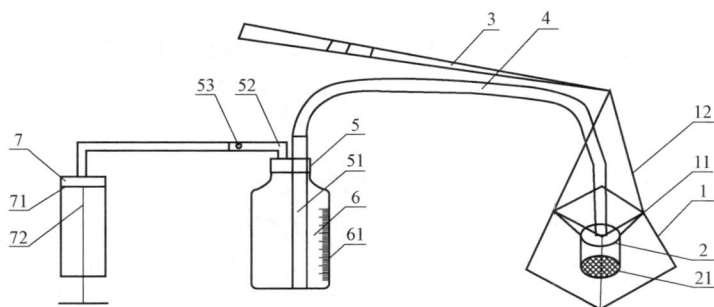

图 2-1-5　便携式水样采集装置

1—合金支架；11—第一高韧性尼龙线；12—第二高韧性尼龙线；2—采样筒；21—过滤网；
3—高强度伸缩杆；4—连接软管；5—螺纹瓶盖连接器；51—导液管；52—垂直拐角导气管；
53—三通阀；6—聚四氟乙烯瓶；61—刻度线；7—手动真空抽气筒；71—活塞；72—活塞杆

工作过程：三通阀（53）调到关闭状态，手持高强度伸缩杆（3）将合金支架（1）以及采样筒（2）移动至水样采集点，放入水中平稳后，手动抽拉手动真空抽气筒（7）的活塞杆（72），在负压状态下，环境水样经过过滤网（21）进入采样筒（2），然后流经连接软管（4）进入聚四氟乙烯瓶（6），待采集到所需量的样品后断开连接软管（4）与导液管（51）的连接，最后转移水样至样品保存瓶完成采样。

综上所述：本水样采集装置，通过设置合金支架（1）和高强度伸缩杆（3），可以将采样装置延伸进人体无法到达的位置进行水体采样，同时在采样筒（2）的底部设置过滤网（21），有效过滤杂质，手动真空抽气筒（7）、螺纹瓶盖连接器（5）以及连接软管（4）的配合使用，将水样快速收集进聚四氟乙烯瓶（6）内，使用简单，便于携带，在一定程度上减轻采样人员工作强度的同时降低他们的野外作业风险。

（2）土壤分层采样装置

目前，土壤采样大多还是采用铁锹、锄头或者铁铲进行采集，虽然近年来也有一些针对土壤样品的采样工具，但大多也只针对表层，而且功能单一。在分层采样时需要先挖 $1\ m^3$ 的坑，然后对土壤进行观察和采集，该工作花费大量人力、物力。为此本书设计了一种多功能土壤分层采样器，以解决现有土壤分层采样需耗费大量人力、物力，且采样工作耗时较长，采样十分不便等问题。

分层采样器的示意图如图 2-1-6 所示，包括采样器外管，采样器外管的一端设置有采样锥管，采样器外管内沿采样器外管的长度方向依次设置有多个采样环，采样环的数量及长度根据采样分层需求而定；还包括样品推杆，样品推杆横截面的最大宽度大于采样环的内径，小于采样器外管的内径，用于将采样环或采样观察管推出采样器外管。

与现有其他技术相比，该采样器的主要优点是取样端设置采样锥管，便于将采样器整体插入土壤深层，便于取样；同时，采样器内依次设置有多个采样环，取样时，不同深度的土壤通过采样环依次分开，取样完成后，采样环依次取出，即实现土壤的分层取样；采样器整体结构简单，使用方便，一个人即可实现深层土壤的分层快速取样，相比现有分层取样方法大大降低了劳动强度，极大地缩短了采样所需时间，十分适于推广使用。

2. 采集生物样品的设备

生物样品往往具有来源广泛、组成成分复杂、样品脆弱、形态多样等特点。常见的水生生物样品包括浮游动植物、水生附着生物、水生大型植物、无脊椎动物、

图 2-1-6　土壤分层采样装置

鱼类等。对于多样的水生生物样品，采样设备和样品容器的选择更加自由。对于浮游植物样品可选用一定体积的采样瓶或采样桶，而网具不适用于此种生物样品。对于浮游动物样品可根据样品大小不同，选择使用具有计量功能的不同规格的尼龙网。对于水生附着生物，可以用 25 mm×75 mm 的标准显微镜载玻片定量地采集水生附着生物。对于大型无脊椎动物样品的采集，可使用的设备有抓斗、采泥器、手柄网、圆筒/箱式采样器、钻探设备（供沉积物水样）、气动抽水器、人工基质和径流网等。

3. 采集微生物的设备

微生物样品的采集对采样人员提出了较高的专业要求，采样时不仅要保证样品具有代表性，最重要的是要保证样品不被污染，采样工具要达到无菌的要求。在湖泊、水库的水面以下较深的地点采样时，可以使用深水采样装置。另外要注意的是，采样设备与容器不能用水样冲洗。

4. 采集放射性样品的设备

一般情况下，放射性样品与非放射性环境样品的采集方法没有太大差异，尤其对水样、土壤、生物样品的采集更是如此。采样时，需要根据检验核素存在的形态选取合适的硬质玻璃或聚乙烯塑料瓶等采样容器，如水中总 α、总 β 放射性的测量可用聚乙烯瓶作为样品瓶，而测定氡则只能使用玻璃容器。应保证样品瓶洁净干燥，同时可采取用待测核素的稳定同位素浸泡样品瓶 1 天以上，以防止放射性样品在样品瓶上的吸附作用，减少误差。

二、水质样品的保存与运输

（一）样品保存

采集到的样品如果不能得到正确的保存处理，各种水质的水样可能与空气中的组分发生反应，致使水样的物理、化学性质以及生物属性发生不同程度的变化。离开原有环境的水样其属性变化是不可避免的，水样保存的原则是将这种属性的变化降到最低。为了使样品保存误差降到最低，必须在采样时对样品加以保护，包括如冷藏或冰冻等物理方法以及化学方法，如加入固定剂或酸化等。方法的选择可以根据水样类型、水样的生物和化学性质、保存条件、容器材质、运输及气候变化等方面进行考虑，尤其是水样类型和水样的生物、化学性质最为重要。

冷藏和冷冻的作用主要是减缓水样的反应速率和微生物作用，在大多数情况下，从采集样品后到运输至实验室期间，在 1～5 ℃冷藏并在暗处保存，对保存样品就足够了，但冷藏的保存方法并不适用于长期保存，对废水的保存时间则更短。若想延长贮存期，需要调节保存温度到零下 20 ℃冷冻，但挥发性物质不适用冷冻保存。同时，冷冻需要掌握冷冻和融化技术，以使样品在融化时能迅速、均匀地恢复其原始状态，其中干冰快速冷冻是令人满意的方法。

1. 样品容器材质

选择样品容器时应考虑到样品内各组分与样品容器之间的相互作用，应避免样品内组分与容器本身发生反应。同时考虑到可能含有被光分解的组分，因此需要尽量减少样品的光照时间或避免样品光照。此外，还应考虑到生物活性对样品的影响，常见可能存在的问题如清洗容器不当、容器自身材料对样品的污染以及容器壁对样品某组分的吸附等。因此，样品的容器选择应充分考虑其保温效果、密封性、抗破裂性、重复使用性、清洗难易程度、形状、质量和价格等因素。

样品容器的选择应满足以下 4 个条件。

（1）样品容器及容器塞应当具有化学和生物惰性，即将制造容器的材料对水样的污染降至最小，以防止容器与样品组分发生反应。

（2）一般玻璃容器在贮存水样时可溶出钠、钙、镁、硅、硼等元素，因此在测定这些项目时应避免使用玻璃容器。玻璃容器常用于采集保存有机物和生物样品。

（3）选择的样品容器应不吸收或吸附待测组分，从而引起待测组分浓度的变化。

（4）容器壁应易于清洗和处理，以减少如重金属或放射性核类的微量元素对容器表面的污染。

除了上述 4 点物理特性的要求，选择采集和存放样品的容器，尤其是分析微量组分，应该遵循一些准则：大多数含无机物的样品，多采用由聚乙烯、氟塑料和碳酸酯制成的容器；用于测定水中的二氧化硅、钠、总碱度、氯化物、氟化物、电导率、pH 硬度等项目的水样，常用高密度聚乙烯材料的样品瓶保存样品；塑料容器适用于放射性核素和含属于玻璃主要成分的元素的水样；不锈钢材质的样品瓶可用于需经高温或高压处理的样品盛放，或用于微量有机物的样品盛放；对于光敏性物质则可以使用不透光的棕色玻璃瓶；含有氯丁橡胶垫圈和油质润滑阀门的采样设备，均不适合于采集有机物和微生物样品；深色玻璃能降低光敏作用。

2. 样品容器的种类

常用的样品容器有多种类型，包括细口、广口和带有螺旋帽的瓶子。样品瓶的塞子可配软木塞（外裹化学惰性金属箔片）、胶塞（不适用有机、生物分析）和磨口玻璃塞（碱性溶液易黏住塞子）等，这些瓶子和瓶塞都易于购买。如果样品装在箱子中送往实验室分析，则箱盖设计必须可以防止瓶塞松动、防止样品溢漏或污染。

由于一些样品的特殊性，对于存储它们的样品容器也相应地有一定要求。对于有机污染物样品，由于塑料容器会干扰高灵敏度的分析，因此常采用玻璃瓶或聚四氟乙烯材质的样品瓶。对于光敏性物质样品，如藻类，为防止光的照射，多采用不透明材料或有色玻璃容器。对于检测水中可溶气体的样品，可选择细口的具有磨口玻璃塞的样品瓶，也应注意避免样品在保存过程中曝气，最后要确保样品瓶的密封性良好。对用于检测微生物样品的容器，首先应满足耐高温，其次样品瓶的材质不能释放抑制或促进微生物生长繁殖的成分。样品在运回实验室到打开前，应保持密封，并包装好，以防污染。

（二）样品的运输

盛装样品的容器从运送到采样地点，再到装好样品后运回实验室分析的全过程都要非常小心，应避免出现样品的损失和样品的污染等问题。样品的保存与运输不仅对盛装样品的容器有要求，对盛装样品的包装箱也有一定要求。盛装样品的包装箱可采用如泡沫塑料、波纹纸板等多种材料，以达到抗振等效果，使运送过程中样品的损耗减少到最低限度。包装箱的盖子，一般都应衬有隔离材料，用以对瓶塞施加轻微的压力。在气温较高的夏季，为防止生物样品发生变化，应对样品冷藏防腐或用冰块保存。

按照事先计划选择的适当的运输方式，在水样采集后立即运输到实验室进行分析。运输方式应根据采样点位置和每个项目分析前最长可保存的时间来确定。为了防止样品瓶间的磕碰与相互污染，应拧紧样品瓶，样品装箱时应用泡沫塑料等抗振材料分隔。每一批次的样品都应当有一份现场采样记录表。当样品运送到实验室进行转交时，转交人和接收人都必须清点和检查水样并在登记卡上签字，注明日期和时间防止出现歧义并妥善保管以备查。

在水环境质量监测以及检测中，样品的采集是非常耗时耗力的过程。根据实验需求合理使用样品保存装置不仅可以节省运送的装载空间，也可以减少运送过程的能源消耗，同时大大减少工作人员的劳动强度。在水质监测中，有一项指标是硫化物分析。现有的水质硫化物分析标准要求，样品采集后要现场添加醋酸锌与醋酸钠溶液，用氢氧化钠调节 pH 至硫化物沉淀，完全避光、无气泡、低温送入实验室分析。实验室分析时用于硫化物分析的为形成的沉淀，并不需要上浮水体，因此大批量采样时，可以利用一定的技术手段只带回硫化物沉淀，从而减少样品的携带量，减轻工作人员的劳动强度、节省能源。为此本书在水样采集过程中设计了一种水质硫化物样品采集保存装置，具体情况如图 2-1-7 所示。

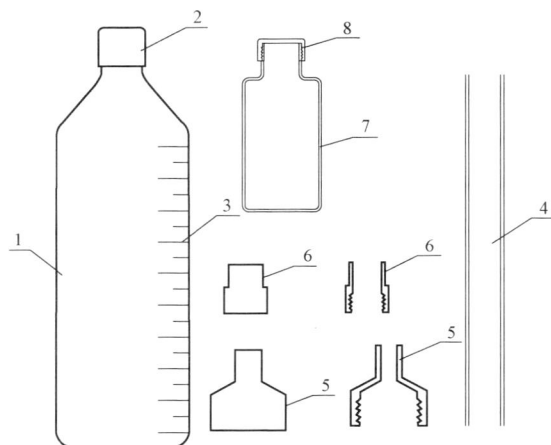

图 2-1-7　硫化物样品采集保存装置

1—水样采集瓶；2—螺纹瓶盖 A；3—刻度线；4—连接软管；5—样品瓶接头；6—样品保存瓶接头；
7—样品保存瓶；8—螺纹瓶盖 B

化硫化物样品采集保存装置，包括水样采集瓶、连接软管、样品瓶接头、样品保存瓶和样品保存瓶接头，所述水样采集瓶的瓶身处刻有刻度线，在水样采集瓶的瓶口处配有螺纹瓶盖 A；所述样品瓶接头的宽口端内刻有螺纹，并通过螺纹与水样采集瓶的瓶口旋接；所述样品瓶接头的细口端与连接软管连接；所述样品保存瓶的瓶口处配有螺纹瓶盖 B；所述样品保存瓶接头的宽口端内刻有螺纹，并通过螺纹与样品保存瓶的瓶口旋接，样品保存瓶接头的细口端与连接软管连接。本样品采集装置实现了在大批量样品采集时，可以只收集加固定剂后水样的沉淀部分，从而降低工作人员的劳动强度、节省能源消耗。

第二节　土壤样品的采集、运输与保存

地球环境由岩石圈、水圈、土壤圈、生物圈和大气圈构成。土壤位于该系统的中心，是人类赖以生存的重要自然资源，也是生态循环中重要的一环。然而，由于自然和人类活动的影响，土壤环境正面临着土壤盐碱化、酸化、重金属污染等问题。因此，人们对土壤健康情况的监测显得意义深刻。土壤污染具有积累性，土壤中的污染物较水和空气中的污染物要难于扩散和稀释，不易迁移转化，所以土壤污染具有地域性。此外，土壤污染还具有不可逆转的特点，如被重金属污染的土壤需要较长时间才能降解。所以，土壤污染较水污染、大气污染要更难治理。为了解区域土壤环境状况，土壤质量和土壤健康程度的检测尤为重要。土壤样品的采集、运输以及保存是土壤质量检测的第一步，是得到具有良好参考价值的土壤分析结果的先决条件。

一、土壤样品采集

不同区域的土壤成分组成具有很大差别，因此采样误差要远远大于分析误差。所以，检测具有代表性、无污染、无损耗的样品才是得到准确监测数据的前提。根据样品分析的目的，采样前一般先要收集采样区域土壤的背景资料，之后再根据背景资料和现场考察的调研结果设计制订采样计划。因四季更替，土壤中有效养分的含量会随着时间的改变而有很大的差异，因此若想比较土壤的检测结果，要保证采样时间是相同的。晚秋或早春采集的样品一般用作分析土壤养分状况。

（一）土壤样品的资料收集

在进行正式采样前，应做好充分的准备工作，即在采集样品前对采样区域进行资料的收集和调查研究，制定合适的采样方案。土壤样品的资料收集包括采样区域的交通情况图、土地利用现状图、行政区规划图、土壤图等资料，为制定采样工作图和绘制采样点分布图提供依据。除此以外，还可以收集如土壤历史资料、地形地貌、采样地区周围工厂排污资料、农药和化肥施用资料等自然环境和社会环境两方面的资料作为补充资料，以供不同分析目的的参考。

（二）采样点布设

在调查了解土壤特性后，选择能够符合调查要求的区域作为采样单元（根据监测类型选取的采样单元面积一般也不同），然后在各个采样单元中布设采样点。布设采样点要遵循的原则包括合理划分采样单元，哪里有污染哪里就有采样点，采样点应避开田边、路边、堆肥边和土壤层被破坏处等。采样点的布设包括空间布点和时间布点两方面，其中空间布点又包括采样点布置方式、采样点的数目、采样量及采样深度等，时间布点包括采样时间和采样频次。采样点布设方法包括简单随机、分块随机和系统随机。土壤自身存在空间分布不均匀的特点，所以在采样单元内应进行多点采样，并混合均匀，以保证采集的样品具有代表性。采样时间和采样频次应视检测目的和污染类型而定，对于由大气污染物引起的土壤污染，采样时间为每年至少采样一次；对于由水污染导致的土壤污染，可在农作物灌溉前后分别取土壤样品测定；对于由农药导致的土壤污染，可在用药前及作物生长的不同阶段采样测定。一般土壤在农作物收获期采样测定，必测项目一年测定一次，其他项目 3～5年测定一次。总之，应充分利用区域土壤资料，考虑采样区域情况和检测目的，进行采样点的布设。土壤采样点的布设方法包括简单随机、分块随机和系统随机采集 3 种方式，如图 2-2-1 所示。

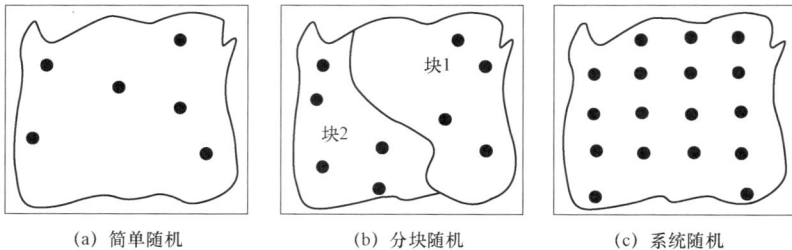

| (a) 简单随机 | (b) 分块随机 | (c) 系统随机 |

图 2-2-1　布点方法

1. 简单随机

简单随机布点的优势在于该方法避免了人为主观意识对合理布设采样点的干扰。方法的具体操作为将被监测的土壤区域用等距网格分为若干小网格，再把每个小网格按顺序编号，随机抽取规定样品数的样品，其样本号码对应的网格号即采样点。随机数的获得可以利用掷骰子、抽签、查随机数表的方法，具体方法参见现行标准《随机数的产生及其在产品质量抽样检验中的应用程序》（GB/T 10111—2008）。

2. 分块随机

分块随机布点法适用于监测区域内存在不同土壤类型的情况，分块布点的代表性较简单随机布点好。根据采样区域的资料和现场的调查研究，将采样区按照不同土壤类型分成几块，分好后的采样区块具有污染物均匀、块间差异大的特点。接着在每个区块内按照随机布点法布点采样。

3. 系统随机

系统随机布点法对于区域内土壤污染物含量变化大的情况更加适用，且较简单随机布点法所采集的样品更具代表性。系统随机布点是指将监测区域用网格划分成面积相等的几部分，再在每个网格内布设采样点的布点方法。

（三）采样点数量确定

通常采样点的数量与研究地区范围大小、研究任务所设定的精密度等因素有关。在全国土壤背景值调查研究中，为使布点更趋合理，采样点数依据统计学原则确定，即在选定的置信水平下，与所测项目测量值的标准差、要求达到的精度有关。每个采样单元的基础采样点位数可按照公式估算，此式适合规模较大的土壤污染研究使用，原因在于样品点数合理性检验公式只能在烦琐的采样、制样、分析与统计之后才能够得到 S^2 值。对于建设项目的采样点数量、城市土壤采样点数量、农田采集混合样的采样点数量以及土壤污染事故的采样点数量可参见《土壤环境监测技术规范》（HJ/T 166—2004）。

$$N = \frac{t^2 S^2}{D^2}$$

在上式中，不同字母代指如下。

N——每个采样单元中的采样点数目。

T——选定置信水平（土壤环境监测一般选定为95%）一定自由度下的 t 值。

S——均方差，可从先前的研究或从极差 $R(s^2 = (R/4)^2)$ 估计。

D——允许偏差（若采样精度不低于80%，D 取值 0.2）。

土壤监测的布点数量要满足样本容量的基本要求，当然土壤布点数还应根据实际工作中的现场调查结果、区域范围大小和调查区域环境状况等因素具体确定，但一般要求每个采样单元至少设 3 个点。

（四）采样深度

土壤剖面指由土壤表层竖直向下挖掘的垂直切面，在垂直切面上可观察到颗粒度不同的土壤层。典型的自然土壤剖面分为 O 层（土壤表层）、A 层（淋溶层）、B 层（沉积层）、C 层（母质层）和 R 层（底岩层），如图 2-2-2 所示。采集土壤剖面样品前，需要在特定采样地点挖掘一个 1 m×1.5 m 左右的长方形土坑，深度在 2 m 左右，再根据土壤剖面颜色、结构、质地、松紧度、植物根系分布等由上至下划分土层，并仔细观察，将剖面形态、特征、每个土层的高度等信息自上而下逐一记录。

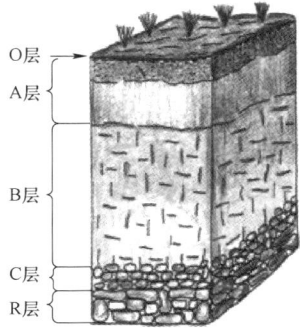

图 2-2-2　土壤剖面示意图

采样深度一般根据监测目的而定，如果只是一般了解土壤表层土状况，只需要取 0～20 cm 的表层土壤。如果是作物根系分布较深，采样深度一般是 20～40 cm。若检测目的在于环评、调查土壤背景情况或污染事故，则需要在采样点挖掘土壤剖面进行采样，其规格一般为长 1.5 m，宽 0.8 m，深 1.2 m。每个剖面采集 A、B、C 三层土样，一般情况下过渡层不采样。当地下水位较高时，挖至地下水露出时止；山地丘陵土层较薄时，剖面挖至风化层。在山地土壤土层薄的地区，B 层发育不完整或不发育时，只采集 A、C 层样品。干旱地区剖面发育不完整的土壤，采集表层（5～20 cm）、中层土壤（50 m）和底土层（100 cm）附近的样品。采样时需要在采样表上记录实际采样深度。在各层土壤的中部用铁铲自下而上逐层采样，以避免样品上下层混杂污染。每个采样点的取土深度和采样量应当均匀一致，土壤的上层和下层比例也要相同。根据检测目的要求可获得分层试样或混合样品，用于重金属分析的样品，应用竹片等工具将和金属采样器接触部分的样品舍弃。采样后应将非样品用土按照原层回填到采样点位中，再离开现场。

（五）采样量

剖面每个土壤分层都要采集 1 kg 左右的样品量。然而土壤样品一般是由多样点均量混合而成的，样品量较大，利用四分法反复取舍，保留 1～2 kg 的样品装入样品袋或样品瓶。

（六）不同类型的土壤样品采样

根据土壤功能和监测目的不同，可以将其分为农田土壤、建设项目土壤、城市土壤、突发土壤污染事故等。每一种土壤的采样单元划分和采样点布设等都不尽相同。

1. 农田土壤采样

（1）采样单元

农田土壤监测单元按照土壤主要接纳污染物的途径可划分为 6 种基本单元，分别为大气污染型土壤、灌溉水污染型土壤、固体废物堆污染型土壤、农用固体废物污染型土壤、农用化学物质污染型土壤、综合污染型土壤（污染物主要来自上述两种以上途径）。采样单元的划分还要参考土壤类型、农作物种类、耕作制度、商品生产基地、保护区类型、行政区等要素的差异，尽可能地使同一单元的土壤污染物均匀分布。

（2）采样点布设

根据前期的调查工作，首先要了解区域土壤背景情况，因此需要在拟监测的农田土壤周边选取没有受到污染或相对未受到污染的地块进行采样，以调查该农田土壤的背景值。农田土壤污染类型可分为大气型污染、灌溉水型污染、固体废物堆型污染、农用固体废物型污染、农用化学物质型污染以及综合型污染，表 2-2-1 列出了这 6 种污染类型的农田土壤的不同布点方法。

表 2-2-1　6 种污染类型的农田土壤的不同布点方法

土壤污染类型	采样点布设方法
大气型污染	以大气污染源为中心，呈放射状均匀布点。距离污染中心位置越远，布点密度就越小。此外，应顺着污染源下风方向延长监测距离且增加布点数量点
灌溉水型污染	在灌溉污水两侧，按水流方向采用带状布点法。采样点布设密度由中心起逐渐变稀，采样点相对均匀，但应结合实际情况
固体废物堆型污染	① 地表固体废物堆可结合地表径流和风向，采用放射布点法 ② 地下固体废物堆可根据填埋位置采用多种形式结合的布点方式
农用固体废物型污染	在施用种类、施用量、施用时间等基本一致的情况下采用均匀布点法
农用化学物质型污染	采用均匀布点法
综合型污染	以主要污染物排放途径为主，综合采用放射布点法、带状布点法及均匀布点法

（3）样品采集

① 混合样品。混合样品的采集方法包括对角线布点法、梅花形布点法、棋盘式布点法和蛇形布点法 4 种（图 2-2-3）。

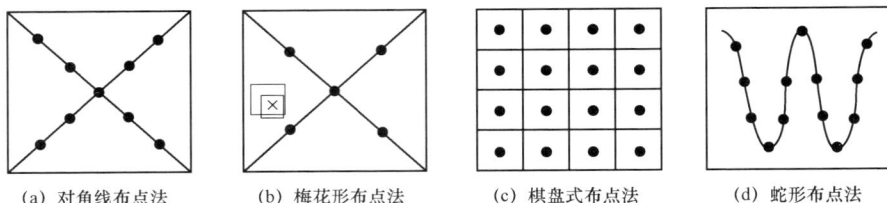

(a) 对角线布点法　　(b) 梅花形布点法　　(c) 棋盘式布点法　　(d) 蛇形布点法

图 2-2-3　土壤采样布点示意图

表 2-2-2 所示是对这 4 种布点方法的介绍。

表 2-2-2　土壤采样布点方法

方法名称	布点方法	适用范围	布点数目
对角线布点法	由田块进水口向对角线引一斜线，将此对角线 5 等分，各等分点即采样分点	适用于面积较小，地势平坦的废水灌溉或污染河水灌溉的农田土壤	一般采样点不少于 5 个，但根据调查目的，可适当增加采样点
梅花形布点法	顾名思义，像梅花花瓣的形状布点，具体方法是将每条对角线 4 等分，交点即中心点	适用于面积小、地势平坦、土壤受污染情况较均匀的田块	一般设 5～10 个采样点
棋盘式布点法	将土壤监测区域按棋盘的四方格一样划分布点	适用于中等面积、地势平坦、地形完整开阔，但土壤较不均匀的田块，以及受固体废物污染的土壤	一般设 10 个以上采样点固体废物分布不均匀，故应设 20 个以上采样点
蛇形布点法	监测区域按"S"形布点	适用于面积较大、地势不很平坦，土壤不够均匀的田块	布设采样点数目较多，一般设置 15 个左右

② 剖面样品。当监测目的在于了解污染物在土壤中的垂直分布情况时，采样方法同前文"采样深度"的内容。

2. 建设工程土壤环评监测采样

由建设工程产生的污水、烟尘、固体废物等污染物，以不同的形式对建设工程周围的土壤造成了污染。土壤污染自污染源呈放射状，故采样点的布设应根据当地主导风向和地表水的径流方向增加采样点。其中，对于土壤主要受污水污染的情况，采样点应自纳污口起随水流方向呈带状布设，由密至疏。而受综合性污染的土壤采样点布设，应综合应用放射状布点、带状布点和均匀布点 3 种方法。为了获得污染物在土壤中的空间分布信息，掌握更多建设项目对周遭土壤环境的影响情况，每个监测点应采集单个样品，而非混合样品。

建设项目土壤每 100 hm² 占地不少于 5 个且总数不少于 5 个采样点，其中小型建设项目设 1 个柱状样采样点，大中型建设项目不少于 3 个柱状样采样点，特大建设项目对土壤环境影响敏感的建设项目不少于 5 个柱状样采样点。各采样点取 1 kg 土壤装入样品袋，贴上样品标签并填写采样记录。

每个采样点应分取 3 个样品，即采集深度为 0～20 cm 的表层样、采集深度为 20～60 cm 的中层样、采集深度为 60～100 cm 的深层样，柱状样的采样深度为 100 cm。采样总深度视具体情况而定，如表 2-2-3 所示，其中描述了 3 种方法。

表 2-2-3　确定采样深度的 3 种方法

名称	适用范围	采样原则
随机深度采样	适合土壤污染物水平方向变化不大的土壤采样单元	采样深度 = 剖面土壤纵深×RN
分层随机深度采样	适合绝大多数土壤采样	土壤纵向（深度）分成 3 层，每层采一样品，每层的采样深度 = 每层土壤深×RN
规定深度采样	适合预采样（为初步了解土壤污染随深度的变化，规定土壤采样方案）和挥发性有机物的检测采样	表层多采，中下层等间距采样

注：RN 为 0～1 的随机数。由《随机数的产生及其在产品质量抽样检验中的应用程序》（GB/T 10111—2008）中的随机数骰子法产生。用一个骰子，用掷出的数字除以 10 即 RN，当掷出的数字为 0 时，规定此时的 RN 为 1。

3. 城市土壤采样

城市土壤不同于农田土壤，它是城市生态的重要组成，在很大程度上能影响到城市的生态系统。出于增加城市舒适度、净化空气等目的，城市土壤主要用于栽种绿植，因此位于 0～30 cm 的表层土大多为回填土，且受人类生产生活影响很大。位于回填土下方深度为 30～60 cm 的土壤，受人为影响相对较小，因此应分为两层单独采样。

4. 突发土壤污染事故采样

污染事故无法预期，应在收到污染信息后第一时间组织采样。通过现场调查研究，确定土壤污染时间，同时根据污染物的性质、颜色、印渍和气味并结合地势、风向和地表径流方向等因素初步界定事故对土壤的污染范围。对于突发性液体污染物倾翻型污染，应根据污染物流向及渗透方向设置采样点。每个采样点进行分层采样，事故发生处的采样密度大，采样深度较深，

43

距事故点较远的土壤采样点较疏，采样深度较浅，采样点不少于 5 个。对于突发性固体污染物抛洒型污染，应首先处理收集污染物，再采集表层 5 cm 土样，采样点数不少于 3 个。对于突发性爆炸型污染，应采用放射性同心圆方式进行布点，采样点不少于 5 个，爆炸中心采分层样，其周围采集 0～20 cm 深度的表层土。

为了对事故造成的土壤污染程度进行评价，应在事故发生地周围采集 2～3 个未被污染的背景土壤作为对照点。在各采样点（层）取 1 kg 样品放入样品袋。待测物为腐蚀性或挥发性化合物时，应用广口瓶作为样品容器。

（七）样品的制备

通常采集来的土壤样品需要进行风干和研磨处理。样品的风干和研磨需要在专门的样品风干室和磨样室中进行，要求风干室方位朝南，但应防止阳光直射土样，通风良好、整洁、无尘且室内无易挥发性化学物质等。

1. 制样工具及仪器

（1）风干用白色搪瓷盘等。

（2）粉碎用木槌、木棒、有机玻璃棒、有机玻璃板、硬质木板、无色聚乙烯薄膜等。

（3）土壤粉碎机、球磨机、玛瑙研钵、白色瓷质研钵等用于样品破碎和磨样。

（4）土壤套筛用于土壤粒度分级，规格为 2～100 目。

2. 土壤样品的制备

（1）风干。根据目标测定物，决定使用新鲜或者经过风干处理的土壤样品。当检测土壤中易存在分解、具有挥发性、半挥发性有机物或可萃取有机物时，需使用新鲜土壤样品，如挥发酚等。大多数检测项目需要风干土壤，因为一方面新鲜土壤中微生物容易使土壤变质，另一方面风干土样混合均匀，数据重复性、准确度比较高。土样的风干处理需要有独立的风干室，以免土壤风干时受酸、碱等气体或其他化合物的污染。在风干室将土样全部倒在风干瓷盘中，摊成 2～3 cm 的薄层，当土样半干时把土块压碎，除出碎石、植物残根等杂物，经常翻动，于阴凉处慢慢风干，避免阳光直晒。

（2）研磨与过筛。1927 年国际土壤学会规定：通过 2 mm 孔径的土壤用作物理分析，通过 1 mm 或 0.5 mm 孔径的土壤用作化学分析。取一定量风干样品于磨样室，将其倒在木板上用木棍碾碎，除去杂质，混匀。反复研磨碾碎土样，使其通过孔径 2 mm 的尼龙筛。充分搅拌混匀过筛后的样品，并采用四分法取两份平行样品，一份存储于广口瓶内，用于测定土壤的物理性质，如土壤 pH、阳离子交换量、元素有效态含量等项目的分析；另一份做样品的细磨用。

　　土壤粒度不同，其化学组成成分也不尽相同，因此不同的检测项目对土壤样品的粒度要求也不相同。如研究土壤的有机质、全氮、农残等项目，应将过 2 mm 筛的样品进一步研磨，使其全部通过孔径 0.25 mm（60 目）的尼龙筛；而土壤元素全量分析的样品，应全部通过孔径 0.15 mm（100 目）的尼龙筛。具体制样过程如图 2-2-4 所示。

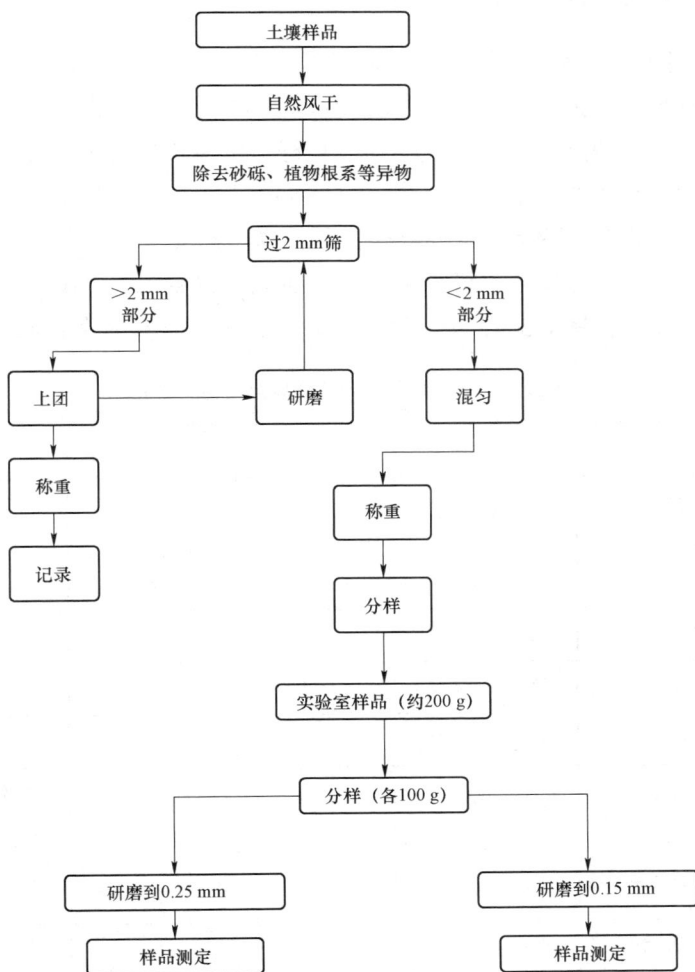

图 2-2-4　常规制样过程

二、土壤样品的运输与保存

（一）土壤样品的运输

样品在装箱运输前应与采样表进行核对，确保无误后再对样品进行分类和装箱。样品运输途中应避免样品损失、混淆和交叉污染，且样品应避光低温保存。最后，送样者将土壤样品送达样品室时应与接样者共同清点核实，检查无误后双方进行交接并签字确认。

（二）土壤样品的保存

样品按照样品名称、样品编号和粒径进行分类保存。当检测项目为不稳定的挥发性、半挥发性等有机物时，新采集的新鲜土壤应尽快送达实验室进行分析。在运输过程中推荐使用性能良好、物美价廉且易于保存的玻璃、聚乙烯材质密闭容器，在 4 ℃以下低温避光保存，新鲜土样保存时间如表2-2-4 所示。需长期保存的风干土样、沉积物和标准土样等，样品瓶应用石蜡密封，保存在样品库中，样品库应保持通风，避免潮湿、高温、酸碱气体等影响。样品可保留 0.5～2 年，特殊、珍稀样品一般要永久保存。

表 2-2-4　新鲜土样的保存条件与保存时间

测试项目	容器材质	温度/℃	保存时间/天	备注
金属（汞和六价铬除外）	聚乙烯、玻璃	<4	180	—
汞	玻璃	<4	8	—
砷	聚乙烯、玻璃	<4	180	—
六价铬	聚乙烯、玻璃	<4	1	—
氰化物	聚乙烯、玻璃	<4	2	—
挥发性有机物	玻璃（棕色）	<4	7	采样瓶装满装实并密封
半挥发性有机物	玻璃（棕色）	<4	10	采样瓶装满装实并密封
难挥发性有机物	玻璃（棕色）	<4	14	—

第三节　大气样品的采集、运输与保存

大气污染是全球面临的最大环境问题之一，如今已被各个国家所重视。减少大气污染物的排放量，降低其危害影响是人们努力的目标。传统的煤炭污染是我国主要的大气污染源，但短期内煤炭仍是我国的主体能源。为了降低我国排污治污的压力，提高空气质量，相关部门陆续出台更新了各项政策标准。设计定制合理的大气防治方法，离不开人们对大气环境现状的掌握，因此首要任务就是对大气进行监测，得到大气污染物的排放信息，以便有合适的应对政策。

一、气体样品的采集

（一）气体采样布点

采样网点的密度越大越能代表一个目标监测区域的真实大气环境，即采样点位越多获得的大气污染信息量就越多。但是不能过多地设立采样点，否则会导致工作量加剧，提高监测成本。因此，设置采样点的原则在于监测尽量少的采样点位，获得最具代表性的大气环境质量分析数据。但采样点的密度设计不应仅考虑任务目标，还应同时考虑气候条件的变化、地形地貌以及采样环境等因素。

1. 设计采样点的一般性原则

由于空气流动性强，且污染环境情况不一，故而没有一种采样方式能够适用于所有大气污染情况的检测与调查。但无论采用何种采样方式，都应保证采集的样品能够代表一定空间范围内的污染物污染特征及其分布规律，即样品具有良好的重复性和代表性。再者，在进行采样设计时，应考虑采样点网能够较全面地反映大气自然环境背景、大气环境质量、大气受污染程度和污染特征等信息。为了能够有效、精准地综合分析评价大气环境质量，采样点本应尽可能多，但受社会效益和其他因素影响，采样点应在保证分析评价的可靠性的同时，统筹各个影响因素，以得到最优采样设计方案。

2. 采样点位置要求

同水质样品和土壤样品一样，大气样品采样位置的确定也是有原则的。大气样品的采集首先需要对监测环境进行周密的调查研究，利用间歇式监测方法对本地区空气污染状况有初步的了解后，再根据获取的资料选择布设合适的采样点位置。为保证监测资料的连续性和可比性，不宜轻易对确认后的采样点位置进行改动。为确保采集的大气样品有代表性、不受污染，对于采样点周围的环境也有要求。采样点不能靠近炉、窑和锅炉排放口等位置，且距采样点位 50 m 范围内不能有明显的污染源。采样点的位置应避开高大建筑物、树木或其他障碍物，以防环境空气流通不畅，若采样管的一端靠近建筑物，至少在采样口周围要有 180°弧形范围的自由空间。采样点位周围应容易获得稳定、可靠的电源供给，附近应无强大的电磁波干扰。

3. 采样点布设方法

（1）扇形布点法

扇形布点法是以点源为扇形顶点，以主导风向为轴线，在下风向位置上划出一个扇形区域作为布点范围。扇形角度一般为 45°～90°。采样点设在距点源不同距离的若干弧线上，相邻两点与顶点连线的夹角一般取 10°～20°。扇形布点法适用于孤立的高架点源或主导风向较为明显的地区，其优势在于节省人力和物力，缺点在于采样点的位置随着主导风向变化而变化（图 2-3-1）。

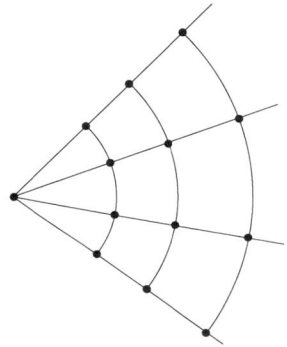

图 2-3-1　扇形布点法

（2）同心圆布点法

同心圆布点法是以污染群的中心为圆点，画若干同心圆，再从同心圆画若干 45°夹角的射线，放射线与同心圆圆周的交点即采样点。同心圆布点法多用于由多个污染源构成的污染群，且污染源较集中的地区，其优点在于能够全面了解污染物向四面八方扩散的情况，缺点在于工作量大、不经济（图 2-3-2）。

（3）网格布点法

网格布点法是将待分析区域划分成若干均匀网状方格（方格为正方形），直线交点或方格中心即采样点。方格大小需要综合考虑污染源程度、监测目的、人口分布和社会效益等因素。网格布点法适用于多个污染源，且污染源分布较均匀的情况，也适用于调查面源。其优点在于可以系统观察一个居民区受各种污染源综合污染的情况，布点较方便，但是此种方法不经济（图 2-3-3）。

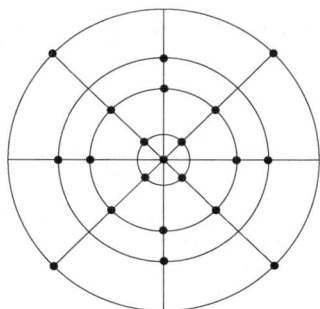

图 2-3-2　同心圆布点法

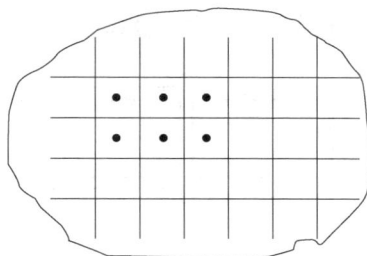

图 2-3-3　网格布点法

（二）气体采样点位数目的确定

世界卫生组织（WHO）和美国环保署等对城市环境空气质量监测点数的确定均进行了详细描述，主要采用以人口数量为基础的经验法、以污染程度和面积为基础的经验法以及按人口和功能区的布点方法。

（三）样品采集方法

大气采样方法多种多样，如图 2-3-4 所示。

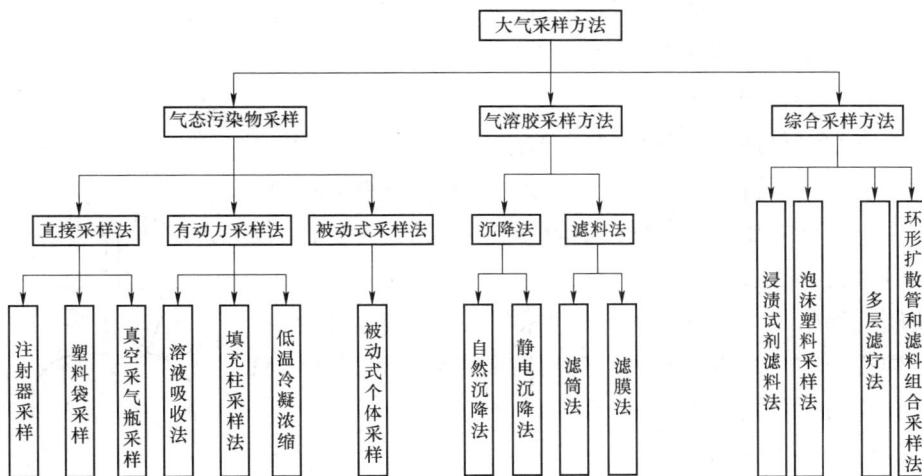

图 2-3-4　大气采样方法分类

1. 注射器采样

采样前，先将注射器在采样现场抽洗 3～5 次，然后抽取适量样品，再用橡皮帽进行密封，注射器进气口向下垂直放置，使注射器内压力略大于大气压。常用的玻璃注射器规格为 100 mL（图 2-3-5）。样品存放时间不宜过长，应尽量在采样当天进行分析。

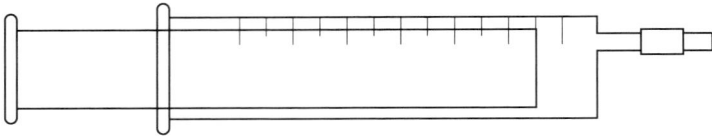

图 2-3-5　玻璃注射器

2. 采样袋采样

采样袋应选择与气体样品中污染物组分不发生化学反应、不吸附、不渗漏的材质，常用的有聚四氟乙烯袋、聚乙烯袋等。为减小对被测组分的吸附，可在袋的内壁衬银、铝等金属膜。采样前，应对采样袋进行气密性检查：充足气后，密封进气口，将其置于水中，不应冒气泡。采样时，先用二联球抽进现场气体冲洗 3～5 次，再充满气样，夹封袋口。

3. 采气管采样

采气管是两端具有旋塞的管式玻璃容器，其体积一般在 100～500 mL。采样时，打开两端旋塞，将二联球或抽气泵接在管的一端，迅速抽进比采气管容积大 6～10 倍的欲采气体，使采气管中原有气体被完全置换后，关上两端旋塞。采气体积即采样管的容积。

4. 真空采气瓶采样

真空采气瓶是一种用耐压玻璃制成的采气瓶，其容积可根据检测目的而定，一般为 500～1 000 mL（图 2-3-6）。采样前先用真空泵等设备将采气瓶内空气抽去（如瓶内预先装入吸收液，可抽至溶液冒泡为止），然后关闭旋塞密封。在采样地点进行采样时，打开气瓶旋塞，采样点内空气即充入瓶内，最后关闭旋塞，则采样体积为真空采气瓶的容积。

5. 采样罐采样

采样罐采样系统的采样原理同真空瓶采样，采用内壁经惰化处理的不锈钢器皿（SUMMA 罐），将其内部抽成真空后，到现场打开进气阀进行采样，采集的样品需要使用吸附剂或低温浓缩等进行富集处理，然后导入气

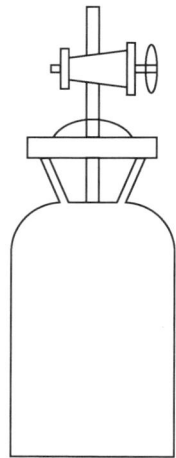

图 2-3-6　真空采气瓶

相色谱-质谱联用仪（Gas Chromatography-Mass Spectrometry，GC-MS）中测定。不锈钢罐内壁经电子抛光和惰化处理，能避免光照引起的化学反应，几乎对空气中的挥发性有机物没有吸附性，能保持样品的完整性，消除了由于现场采样引起的采样体积的不确定性、准确性和重现性较高等问题。

注射器采样、采样袋和真空采气瓶等直接采样法适合于空气中污染物浓度较高或检测方法灵敏度高的情况。

6. 溶液吸收法

溶液吸收法主要应用于采集大气中气态、蒸气态及某些气溶胶态污染物质，是最常用的气体样品的浓缩采样方法。采样时，用抽气设备将待测气体以一定流量抽入装有吸收液的吸收管或吸收瓶中。采样结束后，检测吸收管内吸收液，根据测定结果及采样体积计算大气中污染物浓度。

污染物吸收速度和气样与吸收液的接触面积是决定气体污染物吸收效率的主要因素。其中提高吸收速度的方法是根据待测污染物的性质选择效能较好的吸收液。吸收液的选择原则包括以下 3 点：一是吸收液对待测污染物溶解度大，且发生化学反应较快；二是待测污染物被吸收后应有足够的稳定时间，且利于下一步分析测定，最好能够直接测定；三是吸收液性质对环境影响小、价格低廉、易购买，且尽可能方便回收利用。气体通过多孔玻板时可被分散成细小的气泡被吸收液吸收，因此增加气体样品与吸收液的接触面积可通过多孔玻板来实现。

常用的吸收管有气泡吸收管、冲击式吸收管、多孔筛板吸收管（瓶）、玻璃筛板吸收瓶等，如图 2-3-7 所示。

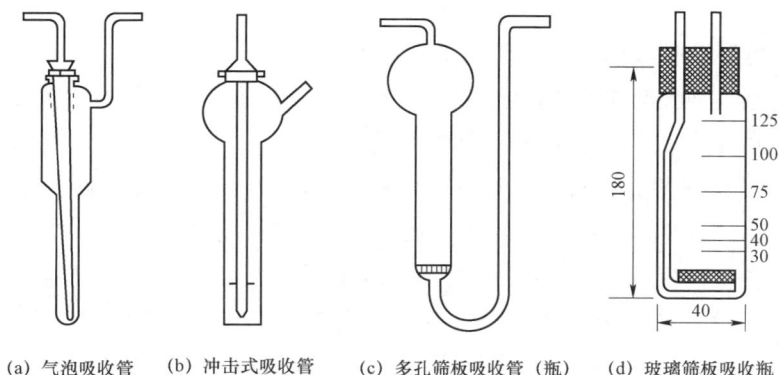

(a) 气泡吸收管　　(b) 冲击式吸收管　　(c) 多孔筛板吸收管（瓶）　　(d) 玻璃筛板吸收瓶

图 2-3-7　气体吸收管（瓶）

气泡吸收管适用于采集气体和蒸气态样品。由于颗粒物质量远大于气体分子，扩散速度远小于气体，在气泡上升过程中不能迅速扩散到气-液界面被吸收液完全吸收，故而此方法不能采集气溶胶。气泡吸收管一般可盛装 5～10 mL 吸收液，采样流量为 0.5～2.0 L/min。采样时注意磨口不能漏气，不能有吸收液泡沫抽出，采样后用样品液洗涤进气管内壁 3 次再倒出分析。

冲击式吸收管适宜采集气溶胶类样品。冲击式吸收管的进气管喷嘴孔径较小，距瓶底约 5 mm，在规定流量下，颗粒物能够在气流的惯性下冲向吸收管底部，进而被吸收液淹没，从而采集颗粒物。但是气态和蒸气态样品气体分子惯性小，在快速抽气情况下，易随空气跑掉，故而此方法不适用于气态和蒸气态样品的采集。冲击式吸收管分为小型和大型两种：小型冲击式吸收管可盛装 5～10 mL 吸收液，采样流量为 3.0 L/min；大型冲击式吸收管可盛装 50～100 mL 吸收液，采样流量为 30 L/min。

多孔筛板吸收管（瓶）适用于采集气体、蒸气和颗粒物与蒸气共存的样品，因为气样通过弯曲的孔道，颗粒物因撞击作用而被采集，要求筛板孔隙合适并均匀，才能保证形成足够小的均匀气泡。图 2-3-7 汇总的（c）和（d）均属于多孔筛板吸收管，其中（c）为小型，装 5～10 mL 吸收液，采样流量为 0.1～1.0 L/min。吸收瓶分为小型和大型两种：小型吸收瓶可盛装 10～30 mL 吸收液，采样流量为 0.5～2.0 L/min。（d）为大型吸收瓶，可盛装 50～100 mL 吸收液，采样流量为 30 L/min。

多孔筛板吸收管（瓶）因其采集样品时，气样穿过多孔筛板后产生许多细小的气泡，且阻留时间长，大大增加了气液接触面积，从而比气泡吸收管有更高的采样效率。

使用溶液吸收法时应当注意的问题有 5 点。

① 应定期对吸收管的吸收效率进行检查，选择吸收效率为 90% 以上的吸收管，尤其是使用气泡吸收管和冲击式吸收管时。

② 新购置的吸收管要进行气密性检查。将吸收管内装适量的水，接至水抽气瓶上，两个水瓶的水面差为 1 m，密封进气口，抽气至吸收管内无气泡出现，待抽气瓶水面稳定后，静置 10 min，抽气瓶水面应无明显降低。

③ 部分方法的吸收液或吸收待测污染物后的溶液稳定性较差，易受空气氧化、日光照射而分解或随现场温度的变化而分解，应严格按照操作规程采取密封、避光或恒温采样等措施，并尽快分析。

④ 吸收管路的内压不宜过大或过小，如果可能要进行阻力测试，采样时

吸收管要垂直放置，进气内管要置于中心的位置。

⑤ 现场采样时，要注意观察不能有泡沫抽出。采样后，用样品溶液洗涤进气口内壁 3 次，再倒出分析。

目前无论是气泡吸收管、冲击式吸收管、多孔筛板吸收管还是玻璃筛板吸收瓶等，其装液和清洗工作都十分繁杂，且工作效率极其低下。为解决这些问题，本书设计了多孔玻板吸收瓶的装液装置（图 2-3-8）。

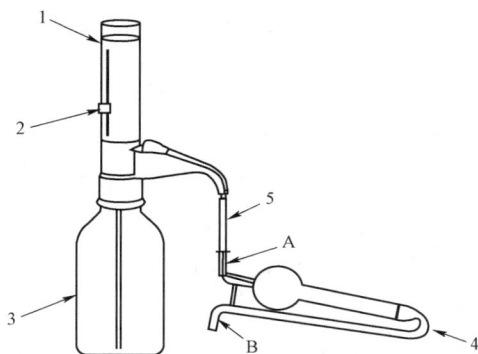

图 2-3-8　多孔玻板吸收瓶的装液装置

在多孔玻板吸收瓶的装液装置中，分液器（1）与玻璃瓶（3）连通，分液器（1）出液口与硅胶管（5）连通。硅胶管为合适大小硅胶管，能套在分液器出口，同时能插入 U 形多孔玻板，$L_2 + 1$ cm＜硅胶管长度（L_1）≤$L_2 + L_3$，其中 L_2 和 L_3 分别为吸收瓶 L 形进液口垂直和水平方向的长度。本装置在加液过程中只需一人，且不存在现有装液方法的弊端，加一个样只需 4 s，大大提高了工作效率。

由于吸收管具有独特的形状，洗涤时只能冲洗，不能刷洗，给吸收管的洗涤带来了困难，加上对玻板有特殊的要求，如洗涤方法不当或洗涤不净，不仅会影响玻板阻力、发泡效果，而且会给吸收管带来一定的污染，影响监测结果的准确性。目前，对于吸收管的洗涤方法虽有一些报道，但洗涤结果不好，工作效率不高。对此，本书设计了多孔玻板吸收瓶的洗涤装置（图 2-3-9）。该洗涤装置由真空泵通过橡胶管与 4 管相连通，4 管和 5 管穿过橡胶塞与广口瓶连通，5 管另一端连通橡胶管后与吸收瓶 A 端连通，5 管通入广口瓶的长度长于 4 管通入广口瓶的长度。洗涤时，按图连接装置，打开真空泵，手握住多孔玻板吸收瓶（3）底端，反转吸收瓶使 A、B 端朝下，底端 U 型端朝上排掉原有液体，然后用 B 端吸取一定体积的去离子水，正握

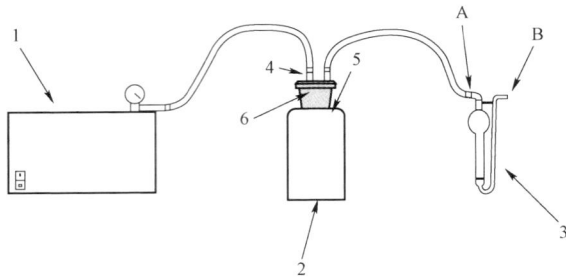

图 2-3-9　多孔玻板吸收瓶的洗涤装置

吸收瓶，在抽真空状态下吸入的液体会因大量气体的带动对多空玻板吸收瓶内壁进行冲洗，然后倒握，排掉洗液，重复洗涤过程 2～3 次便可洗净吸收瓶。相较于传统洗涤法，该装置只需少量的去离子水，节约资源、操作简单，大大提高了工作高效率，即洗涤一支吸收管只需 10 s。洗涤过程中废液直接进入广口瓶，减少了化学试剂对工作人员的伤害。

7. 填充柱阻留法

填充柱是由一根长 6～15 cm、内径 3～5 mm 的内装颗粒状或纤维状固体填充剂的玻璃管、塑料管或金属管制成。采样时，气样以一定流量通过填充柱时，被测组分因吸附、溶解或化学反应等作用被阻留在填充柱中，而达到富集浓缩的目的。根据作用原理的不同，填充柱可分为 3 种，分别是吸附型、分配型和反应型。

（1）吸附型填充柱

吸附型填充柱中的填充剂是颗粒状固体吸附剂，均具有多孔结构、比表面积大等特性。在这类填充柱中既可装填一种吸附剂，也可装填两种或多种吸附剂，这取决于吸附剂的比表面积大小和被采集物质的性质。这些吸附剂或通过吸附力较弱的物理吸附作用，或通过吸附力较强的化学吸附作用，将待测物质吸附在吸附剂表面。通常情况下，吸附能力越强，采样效率越高，但这往往会给解吸带来困难。因此，吸附剂的选择要同时考虑吸附效率以及解吸难易程度。

（2）分配型填充柱

分配型填充柱中的填充剂是表面涂高沸点有机溶剂（如异十三烷）的惰性多孔颗粒物（如硅藻土），类似于气液色谱柱中的固定相，只是有机溶剂的用量比色谱固定相大。当被采集气样通过填充柱时，在有机溶剂（固定液）中分配系数大的组分保留在填充剂上而被富集。例如，空气中的有机氯农药

（六六六、DDT 等）和多氯联苯（PCB）多以蒸气或气溶胶态存在，用溶液吸收法采样效率低，但用涂渍 5%甘油的硅酸铝载体填充剂采样，采集效率可达 90%～100%。

（3）反应型填充柱

反应型填充柱中的填充剂是由如石英砂、玻璃微球等惰性多孔颗粒物，或如滤纸、玻璃棉等纤维状物表面涂渍能，与被测组分发生化学反应的试剂而制成的。也可以用能和被测组分发生化学反应的如 Au、Ag、Cu 等纯金属丝毛或细粒作填充剂。当气样通过填充柱时，待测组分与填充剂表面涂渍的化学物质发生化学反应而被阻留。采样后，再选择一种合适溶剂洗脱剂将反应产物洗脱下来，或选择加热吹气解吸。例如，空气中的微量氨可用装有涂渍硫酸的石英砂填充柱富集。采样后，用水将其洗脱下来并进行测定。反应型填充柱具有采样量较大、采样速度快、富集物稳定（可放置几天甚至几周不变）和可长时间采样（测试结果代表采样时段的平均浓度）等优点。同时，与溶液吸收法相比，此填充柱更加方便携带，样品发生再污染、泄漏的概率更低，且其对气态、蒸气态和气溶胶态物质都有较高的富集效率，因此其发展前景非常广阔。采用填充柱阻留法采样时需要注意的问题有以下 3 点。

① 使用填充柱阻留法时，有时会出现采样体积的穿透情况，穿透体积受温度、采样流量、污染物浓度和吸附剂对组分吸附能力的影响。

② 由于吸附剂本身的热解吸，几乎所有吸附剂在使用一段时间后都会产生一定背景干扰。

③ 在采样前，应对新填装的填充柱进行活化处理，以便去除吸附剂内的杂质。

8. 滤料阻留法

滤料阻留法是将滤纸、滤膜等过滤材料放在采样夹上，空气中的颗粒物在用抽气装置抽气时会被阻留在过滤材料上，称量过滤材料上富集的颗粒物质量，结合采样体积，即可计算出空气中颗粒物的浓度。

滤料采集空气中的气溶胶颗粒物是基于直接阻截、惯性碰撞、扩散沉降、静电引力和重力沉降等作用的。滤料的采集效率除与自身性质有关外，还与采样速度、颗粒物的大小等因素有关。低速采样，以扩散沉降为主，对细小颗粒物的采集效率高；高速采样，以惯性碰撞作用为主，对较大颗粒物的采集效率高。空气中的大小颗粒物是同时并存的，当采样速度一定时，就可能使一部分粒轻小的颗粒物采集效率偏低。此外，在采样过程中，还可能发生颗粒物从滤料上弹回或吹走的现象，特别是在采样速度大的情况下，颗粒大、质量重的粒子易发生弹回现象；颗粒小的粒子易穿过滤料被吹走，这些情况都是造成采集效率偏低的原因。

常用的滤料有纤维状滤料，如滤纸、玻璃纤维滤膜、过氯乙烯滤膜等；筛孔状滤料，如微孔滤膜、核孔滤膜、银薄膜等。滤纸的孔隙不规则且较少，适用于金属尘粒的采集。因滤纸吸水性较强，不宜用于重量法测定颗粒物浓度。玻璃纤维滤膜吸湿性小、耐高温、耐腐蚀、通气阻力小、采集效率高，常用于采集悬浮颗粒物，但其机械强度差，某些元素含量较高。聚氯乙烯或聚苯乙烯等合成纤维膜通气阻力小，并可用有机溶剂溶解成透明溶液，便于进行颗粒物分散度及颗粒物中化学组分的分析。微孔滤膜是由硝酸（或醋酸）纤维素制成的多孔性薄膜，孔径细小、均匀，重量轻，金属杂质含量极微，溶于多种有机溶剂，尤其适用于采集分析金属的气溶胶。核孔滤膜是将聚碳酸酯薄膜覆盖在铀箔上，用中子流轰击，使铀核分裂产生的碎片穿过薄膜形成微孔，再经化学腐蚀处理制成。这种膜薄而光滑、机械强度好、孔径均匀、不亲水，适用于精密的重量分析，但因微孔呈圆柱状，采样效率较微孔滤膜低。银薄膜由微细的银粒烧结制成，具有与微孔滤膜相似的结构，它能耐400 ℃高温，抗化学腐蚀性强，适用于采集酸、碱气溶胶及含煤焦油、沥青等挥发性有机物的气样。

9. 大流量采样

空气中半挥发性有机污染物的采集主要使用大流量采样器，采样系统主要包括过滤器（一般为石英滤膜）、吸附剂、泵和流速测量装置（或体积测量装置）。过滤器材料有石英纤维、玻璃纤维、氟树脂、硝基纤维等材质的滤膜，主要用于吸附空气中的颗粒物，气态污染物采用聚氨基甲酸酯（PUF）、XAD 等吸附剂；采样泵用于提供动力，使空气通过过滤器和吸附剂装置，空气中目标化合物一般浓度很低，需要采集大体积空气，一般要求选用大流量或高速采样泵；流量或体积测量装置主要用于计算采集大气的总量及浓度。

10. 被动采样

被动采样也称扩散采样，它是利用气体分子扩散的原理来进行样品收集的。被动采样的特点是简单方便、成本低、无动力、准确可靠、质量轻、体积小等。此法可以每 8 h 或更长时间采集一次，是一种时间加权平均的采样方式，可以大大减少采样和分析工作量。

最早主要用于个体暴露和环境暴露评价，适用于偏远、条件差、无法装配自动监测站的山区和县城。目前，被动采样已经广泛用于监测空气中的二氧化硫、氮氧化物、挥发性有机物、甲醛、持久性有机污染物等。

11. 滤纸（膜）采样

自然沉降法和滤料法是空气中颗粒物质的主要采样方法。其中自然沉降法主要用于采集颗粒物粒径大于 30 μm 的尘粒。滤料法根据粒子切割器和采样流速等的不同，分别用于采集空气中不同粒径的颗粒物，或利用等速跟踪排气流速的原理，采集烟尘和粉尘。

采用滤纸（膜）采样方法时，应注意滤纸（膜）的选择。首先应考虑的是具有较高的采样效率。用于大流量采样器的滤膜，在线速度为 60 cm/s 时，一张干净滤纸（膜）的采样效率应达到 97% 以上。其次，滤纸（膜）中应含较低的待测元素的本底值，且滤纸（膜）易处理。通常情况下，对颗粒物中的元素进行分析时，有机滤膜的空白值是最低的，而玻璃纤维滤膜的本底含量则较高。测定颗粒物中的多环芳烃等有机污染物时，可选用在 500 ℃ 高温下灼烧处理的玻璃纤维滤膜，而不宜采用有机滤膜。在使用滤纸（膜）前，要做本底值实验，并从分析结果中扣除本底值。再次，玻璃纤维滤膜和合成纤维滤膜（过氯乙烯纤维滤膜等）的阻力较小，适用于大流量采样。另外在采样过程中，由于滤膜空隙不断被颗粒物阻塞，阻力将逐渐增加。当采气流量明显减少时，采气量的计算可用开始流量和结束流量的平均值做近似计算，比较准确的方法是用流量记录仪连续记录采样流量的变化。最后，应尽量选择吸水性小、机械强度大的滤膜进行大流量、长时间的采样。除此之外，价格也是经常要考虑的一个因素。

12. 综合采样法

气态污染物通常从污染源扩散到大气的过程中，也会被颗粒物吸附，因此大气中的污染物基本上是同时存在于气态和颗粒物中的。在这种情况下，就需要使用综合法进行采样。选择滤膜-吸收管联合采样法，可实现对不同状态污染物的同时采样，但采样流量会受到限制，颗粒物需要在一定速度下才能被采集。内装合适的固体填充剂的填充采样管对某些存在于气态和颗粒物中的污染物也有较好的采样效率。除此之外，浸渍试剂滤料法也是常用的一种方法，它是将某种化学试剂浸渍在滤纸或滤膜上。采样中，气态污染物与滤纸上的试剂迅速反应，从而被固定在滤纸上。所以，它具有物理（吸附和过滤）和化学两种作用，能同时将气态和气溶胶污染物采集下来。浸渍试剂使用较广，尤其对以蒸气和气溶胶状态共存的污染物是一个较好的采样方法。

（四）采样设备

气体采样设备通常是由进气导管、吸收瓶、干燥器、流量调节装置、转子流量计、时间控制系统、采样泵、真空压力表等各部分构成的。市售的气体采样设备众多，但它们都应满足一定的技术要求，如表 2-3-1 所示。

表 2-3-1　大气采样器技术要求

序号	检测项目	技术指标
1	外观检查	应有 CMC（中华人民共和国制造计量器具许可证）标志和产品铭牌，表面无明显缺陷
2	气路系统检查	采样器的气路导管应当采用不吸附被采集样品的材料，并且连接的管路应当尽量短而直
3	气密性	当系统真空度达到 5 kPa 时，1 min 内下降≤0.15 kPa
4	流量稳定性	流量范围为 0.2～2.0 L/min，2 h 内流量波动≤±5%；电源电压变化时，流量波动≤±5%
5	时间控制精度	≤0.1%
6	干燥器	内装硅胶，有效容积应≥0.16 L，干燥器的气体出口处应有灰尘过滤装置
7	噪声	≤65 dB（A）
8	绝缘性能	>20 MΩ
9	平均无故障时间	≥600 h

注：平均无故障时间的检测仅适用于新开发产品样机及批量产品的抽检。

二、气体样品的保存和运输

对于气体样品的保存与运输，下面以直接采样法与溶液吸取法为例。

（一）直接采样法

由直接采样法采集的样品不可久存，应当在当天测定。其样品保存的宗旨在于要防止收集容器器壁的吸附和解吸现象，应选用聚四氟乙烯塑料收集器采集这些性质活泼的气态检测物。因此，用直接采样法采集的空气样品应该尽快测定，减少收集器内壁的吸附、解吸作用。表 2-3-2 列出了不同检测项目对应的样品保存方法和时间。

表 2-3-2　直接采样法样品保存

标准	样品保存
《固定污染源排气中一氧化碳的测定 非色散红外吸收法》（HJ/T 44—1999）	采样袋采集，应尽快分析，室温下保存，最长不超过 36 h
《环境空气总烃的测定气相色谱法》HJ 604—2011	注射器或内壁硅烷化的采样袋采集，密封，避光保存 12 h 内测定
固定污染源排气中非甲烷总烃的测定 气相色谱法（HJ/T 38—1999）	采样结束后，密闭采样装，避光带回实验室。避光保存并尽快分析，放置时间不超过 12 h
《空气和废气监测分析方法 第 4 版》 非甲烷总烃 气相色谱法	注射器或内整硅烷化的采样袋采集，密封，12 h 内测定
《空气和废气监测分析方法 第 4 版》 TVOC 采样罐采样 气相色谱—质谱法	贮存在常温干净环境中，2 天内测定

（二）溶液吸收法

选用溶液吸收法采集的样品，应避免高温、光照、碰撞，防止挥发、氧化、分解。表 2-3-3 列出了不同检测项目对应的样品保存方法和时间。

表 2-3-3　溶液吸收法样品保存

标准	样品保存
《环境空气 二氧化硫的测定 甲醛吸收-副玫瑰苯胺分光光度法》（HJ 482—2009）	甲醛缓冲液吸收，样品采集、运输、贮存过程中应避免阳光照射
《空气和废气监测分析方法 第 4 版》 甲醛缓冲溶液吸收-盐酸恩波副品红分光光度法	甲醛缓冲液吸收，样品的采集、运输和贮存过程应避光。当气温高于 30 ℃时，采样后若不能当天测定，可将样品溶液贮于冰箱
《环境空气和废气 氯化氢的测定 离子色谱法》（HJ 549—2009）	用碱性吸收液吸收，样品采集后密封，应尽快分析，若不能当天测定，应将样品密封后于 0～4 ℃冷藏保存，保存期不超过 48 h
《环境空气 臭氧的测定 靛蓝二磺酸钠分光光度法》（HJ 504—2009）	磷酸盐缓冲溶液吸收，采样管避光保存，于室温暗处存放，至少可稳定 7 天
《空气质量 甲醛的测定 乙酰丙酮分光光度法》（GB/T 15516—1995）	样品采集在蒸馏水吸收管中，于 2～5 ℃保存，2 天内分析完毕，以防甲醛被氧化

标准	样品保存
《环境空气 氮氧化物（一氧化氮和二氧化氮）的测定 盐酸萘乙二胺分光光度法》（HJ 479—2009）	吸收液采集。样品采集、运输及存放过程中避光保存，尽快分析，或于低温暗处存放。样品在 30 ℃暗处存放，可稳定 8 h；在 20 ℃暗处存放，可稳定 24 h；于 0～4 ℃冷藏，至少可稳定 3 天
《空气和废气监测分析方法 第 4 版》硫化氢 亚甲基蓝分光光度法	氢氧化镉—聚乙烯醇磷酸铵吸收液，避光采样，8 h 内测定，采样后现场加显色剂
《固定污染源排气中氯气的测定 甲基橙分光光度法》（HJ/T 30—1999）	甲基橙吸收液采集，该样品显色完成后溶液颜色稳定，常温下至少可保存 15 天
《固定污染源排气中酚类化合物的测定 4-氨基安替比林分光光度法》（HJ/T 32—1999）	NaOH 吸收液采集、最好当天分析完毕。在室温不超过 25 ℃，干扰物影响不大时，可存放 3 天
《环境空气和废气 氨的测定 纳氏试剂分光光度法》（HJ 533—2009）	稀硫酸溶液吸收，采样管采集完毕应尽快分析，以防吸收空气中的氨，若不能立即分析，2～5 ℃可保存 7 天
《空气质量 苯胺类的测定 盐酸萘乙二胺分光光度法》（GB/T 15502—1995）	硫酸吸收液采集，采好的样品应避光保存，2 天内分析完毕，2～5 ℃可保存 7 天
《空气和废气监测分析方法 第 4 版》甲醇气相色谱法	蒸馏水吸收，天热时吸收管应浸在冰盐水浴中采样

实际运输时，应预防样品的破损情况，避免样品渗漏，做好保护工作，不要让样品之间相互污染。

第四节　质量保证和质量控制

质量管理是环境监测中的一个重要组成部分，它贯穿整个环境监测活动的全过程，目的是保证监测单位所出具的各类技术数据能够具有准确可靠性，同时也是科学管理环境分析工作的有效措施。质量控制是指在实验室之间统一使用的标准，所以为了保证数据质量就必须对分析过程中的各个环节实施各项质量控制技术，如质量控制程序和管理规定等。环境监测的质量控制贯穿着从采样、运输、保存、样品前处理、校准、测定，数据处理以及出具报告的全过程，旨在保证分析数据达到规定标准。

随着环境样品采集和分析的逐渐发展，人们对分析数据的时间和空间的比对需求也更加迫切。环境分析化学通过对污染物的形态、性质和含量进行研究及分析，为了解环境质量提供信息，因此只有取得合乎质量要求的分析结果，才能准确地指导人们认识、评价和管理环境。目前，多数国内环境监测站的分析实验室采用的质控手段主要有加标回收率、平行样的重现性（相对偏差）和质量控制样品（明码控制样和密码控制样）等。除此之外，质量管理工作也在管理理念、管理方式和控制技术上逐步改进，以不断适应日益发展的环境监测工作的需要。

一、质量保证与质量控制的基本认识

环境监测的质量保证和质量控制的真正含义在于建立一个以确保数据质量为宗旨的管理体系，这个体系中的任何人以及监测方案、样品采集、样品接收、样品保存、样品制备、样品分析、数据审查、数据报告的全过程都要遵循一定的标准程序，每一步都受到监督。国内关于质量管理体系的技术规范有《环境监测质量保证管理规定》《检测和校准实验室能力的通用要求》（GB/T 27025—2019）等。

环境监测是由环境样品采集和分析等步骤组成的整体，每一个环节都不能独立存在，否则将失去其存在的意义。同理，若只考虑其中某个步骤，对其进行质量控制，而忽略其他步骤环节，那么最后的分析结果将与真值不符，也就不具有参考价值。因此应当对环境样品采集、处理、分析等全过程进行质量控制。

二、实验室质量保证与质量控制

质量控制是一个连续的过程，分为实验室外部质量控制和实验室内部质量控制。从样品的采集开始，一直到最终报告的出具，整个过程都有明确的质量控制要求，这样才能确保数据的可靠。

环境分析化学的采样过程是伴随着环境科学的发展而提出的，它所涉及的范围之广、内容之多，是分析化学中的采样所无法比拟的。而环境样品的采集、保存和分析又是影响环境分析准确性和精密度的重要环节，因此环境样品的采集、保存和分析过程一直是质量控制评价的研究热点。

（一）样品采集、运输和保存过程中的质量控制

环境监测结果是环境受污染程度最直接的体现与依据，而环境监测的质

量保证工作是对环境污染分析结果准确性和有效性的监控手段。如果样品在分析前的环节中出了差错，将对检测结果产生较大误差，较实验室分析产生的误差还要高数倍甚至百倍。

要减少采样环节产生的误差，选择正确的采样点位是关键，另外还要注意采样频次、采样时间、采样方法以及采样瓶和采样设备的清洁度等问题。除此之外，最小采样量、最小采样数和可允许的最长保存时间等方面的问题也要考虑。

然而，对于采样的误差估计还不是很完善，这就使环境质量的描述不精准。国内外的学者为解决这一问题进行了大量的研究。研究表明，采样过程与分析过程中的质量保证相似，因此可以将分析过程中的质量保证措施稍加修改应用于采样过程的质量保证。例如，误差普遍存在于采样过程当中，准确度是样本中待测物的真实含量与采样总体积中待测物真实含量之间的差异，它反映了采样系统误差和偶然误差；假设根据某一特性的监测方案，在采样总体积中采集若干样本，这些样本中待测物的真实含量的离散程度即采样点准确度，它反映了采样过程的偶然误差，可用采样标准偏差来定量描述。

样品在采集环节中除了应注意采样点位和采样量等问题，还应增加现场空白、运输空白、全程空白等样品，以便在样品的分析数据不合理时，帮助检验人员判断出现污染的具体环节。如采集水质样品时，现场空白是指以纯水作样品，与实际水样在同一条件下装瓶、保存、运输和分析。通过对现场空白样品的检测，通常可以掌握采样过程中操作步骤和环境条件对样品质量影响的状况，使实验室分析结果尽可能地接近实际情况。例如，池靖等人在环境水样采集过程中的质量保证措施研究中，采用了空白加标样，它可以帮助判定误差的来源，还可以确定由于蒸发、吸附、生物等因素作用引起样品不稳定所产生的误差。

采样人员按照采样计划进行样品采集后，应在采样现场逐一检查并核对样品数量、样品登记表、样品标签、点位坐标图、现场采样记录和采样点位电子资料，核对无误后分类装入有隔层的样品箱内。运输过程中严防样品的损失、混淆和污染。对有光敏性质的样品进行避光包装，并同时填报样品流转单。另有需要冷藏的样品应保证 4 ℃的保存环境。样品由专人送至实验室，送样者和实验室样品接收者双方同时清点核对样品编号、样品数量、样品质量等，并在样品流转单上签字确认。样品流转单一式三份，由双方各保存一份，一份随数据存档。

（二）实验室内质量控制

实验室内质量控制也称内部质量控制，包括人员的质量控制、设施和环境条件的质量控制、检测方法的质量控制、设备和标准物质的质量控制、量值溯源、实验耗材的质量控制以及采样和样品的质量控制 7 个方面。而内部质量控制的手段包括质量控制图、采用标准物质、回收率试验、比对实验、留样再测、样品不同特性的相关性检验、校准曲线的绘制、空白试验和平行双样试验。

1. 质量控制图

质量控制图于 1928 年由沃特·休哈特（Walter Shewhart）博士率先提出。一般而言，每一个方法都存在着变异，都受到时间和空间的影响，即使在理想条件下获得的一组分析结果，也会存在一定的随机误差。其理论基础是数理统计中的统计检验理论，一组遵从正态分布的数据，其总体均值为 X，总体标准偏差为 SD，根据概率论知识，约有 68% 的数据落在 $X \pm SD$ 范围内，95% 的数据落在 $X \pm 2SD$ 范围内，99.7% 的数据落在 $X \pm 3SD$ 范围内。常用的单值控制图、平均值-极差控制图，每种控制图根据其特点有相应的系数来建立控制限和警戒限。这里重点介绍单值质量控制图。

单值质量控制图是指每次测定一个观察值，不做重复测定，根据一段时间的测定数据计算平均值 X 及标准偏差 SD，并以 X 为中心线（Central Line，CL），以 $X \pm 2SD$ 为上警戒限（Upper Warning Limit，UWL）和下警戒限（Lower Warning Limit，LWL），以 $X \pm 3SD$ 为上控制限（Upper Contral Limit，UCL）和下控制限（Lower Contral Limit，LCL），同时以测定值为纵坐标，以测定次数为横坐标绘制控制图。

以同一浓度水平的加标样品作为质量控制样品，质量控制样品的前处理与样品的前处理同批进行，使用同一方法同时测定，测定后将每次的质量控制数据在图上标出，再根据质量控制点在质量控制图上的排列来判断检测过程是否处于统计控制状态。

（1）质量控制图的评价

在常规的质量控制过程中，将每次的分析结果画在质量控制图上。控制图是否达到稳定状态，可根据质量控制图中是否出现以下 8 种情况来判断。若质量控制图中出现以下 8 种情况之一，则表明测定过程即将出现异常或已经出现异常，结果为不满意。此时应当从人、机、料、法、环、溯各方面查找原因，排出异因后，重新对质量控制样品进行检测，当结果是统计过程受控时才可继续正常分析。

① 有质量控制点落在控制限以外。

② 连续 9 个点落在中心线同一侧即出现了偏差现象。

③ 连续 6 个点出现递增或递减。

④ 连续 14 个点中相邻两点上下交替，即漂移现象。

⑤ 连续 3 个点中有两点落在中心线同一侧的警戒限外。

⑥ 连续 5 个点中有 4 个点落在中心线同一侧的 1 倍标准偏差外。

⑦ 连续 15 个点全部落在中心线上下 1 倍标准偏差内。

⑧ 连续 8 个点落在中心线两侧，但无一点落在 1 倍标准偏差内，即准确度变差。

（2）质量控制图的作用

实验过程中能够利用质量控制图建立可靠的数据置信限。当然根据一组数据的控制图建立的置信限不十分可靠，但随着测定次数的增加，把以前的数据和现在的数据合并后再作新的控制图，平均值变化不大，标准偏差 SD 变小，即警戒限和控制限逐渐变窄。这样得到的置信限才是对测量系统的测量情况和特性的反映，比较可靠。根据控制图上质量控制点的趋势变化，有助于查找发生脱离统计控制的原因。

2. 标准物质

有证标准物质的标准值作为一个相对真值，其量值传递为测定结果提供了可靠的参考。分析人员可借助其对分析质量进行判断，查找系统误差，寻求改进；还可作为质量控制样品来评价测定结果的准确性；在环境监测质量保证中，主要用于校准仪器、检验分析测定方法等；也可作为实验室人员监督及新进人员考核的盲样，由质量监督员根据预先安排将其以比对样或密码样的形式向项目承检人下达检测任务，与样品检测同时进行，检测完成后上报测定结果。

（1）标准物质的两要素

标准物质（reference material，RM）是一种或多种特性值已被确定的足够均匀的材料或物质，有证标准样品（certified reference material，CRM）是附有证书的标准物质。要求在长时间内，标准物质仍然高度均匀，并且具有良好的稳定性和量值的准确性。稳定性和可溯源性是标准物质必备的两要素。用给定的分析物的含量值、精密度和准确度与标准物质的分析结果相比，判定分析结果是否在其范围内，只有分析结果达到要求才能说明测定结果是合格的（此处不讨论因为误差等因素而恰好得到合格的分析结果的情况）。

（2）标准物质的均匀性

均匀性是描述标准物质空间分布特征的最基本属性，即在规定的细分范围内其特性保持不变。无论标准物质的制备过程中是否经过均匀性初检，分级分装的标准物质，在由大包装分装成最小包装单元时，都需要进行均匀性检验。

（3）标准物质的稳定性

稳定性也是标准物质的重要基本性质之一。标准物质的稳定性是指在规定的时间间隔和保存条件下，特性量值保持在规定范围内的能力。标准物质的特性量值随时间变化的情况，就是用其稳定性来描述的，规定的时间间隔越长，表明该标准物质的稳定性越好。这里的时间间隔就作为标准物质的有效期，标准物质的证书上会明确给出标准物质的有效期。

我国的《标准物质管理办法》明确规定，一级标准物质的稳定性应在一年以上，二级标准物质的稳定性应在半年以上。使用者在规定的有效期内，按规定的条件保存和使用标准物质，才能保证所校准的测量仪器、评价的测量方法或确定的其他材料的特性量值准确。

（4）标准物质分级

我国规定的国家一级标准物质应具备的基本条件如下：① 用绝对测量法或两种以上不同原理的准确可靠的测量方法进行定值，也可由多个实验室用准确可靠的方法协作定值；② 定值的准确度应具有国内最高水平；③ 应具有国家统一编号的标准物质证书；④ 稳定时间应在 1 年以上；⑤ 均匀性应保证在定值的精度范围内；⑥ 具有规定的合格包装形式。一般说来，一级标准物质应具有 0.3%～1%的准确度。

（5）标准物质的不确定度

不确定度是被测量之值的分散性，不同的标准物质其定值特性的不确定度也不同。在选择标准物质时，对不确定度的选择应根据实际情况，综合考虑成本、使用目的和实验室条件以及采用的分析方法，合理运用不同级别的标准物质。

（6）标准物质的应用

环境标准物质在样品分析上的应用较为广泛，所有分析方法都需要环境标准物质作为参考，以确定样品中某种组分的含量。一级标准物质的主要用途在于研究与评定标准方法、对要求高准确度的计量仪器进行校准、标定比它低一级的标准物质等。二级标准物质的主要用途在于现场方法的研究和评价、对准确度要求不高的一般性的日常检测分析测量、作为工作标准物质直接使用等。

在标准物质的选择上，应根据确定的分析方法和被测样品的不同而具体分析。选择标准物质时，应考虑以下原则。

① 对标准物质基体组成的选择。通过选择与被测样品的组成接近的标准物质的方法，可以消除基体效应引入的系统误差。

② 标准物质准确度水平的选择。标准物质准确度应比被测样品预期达到的准确度高 3～10 倍。

③ 标准物质浓度水平的选择。分析方法的精密度是被测样品浓度的函数，所以要选择浓度水平适当的标准物质。

对于无质量控制样品的样品，在测定之前可同时用加标回收率和平行样品进行质量控制。群体样品随机抽取 10%～20%个样品，个体样品需全部进行。操作方法是从同一个样品中取出数量相同的 3 份子样品，一份加入一定量的步骤，做加标回收率，另两份为平行双样。加标回收率应满足方法要求，不满足方法要求范围则必须检查原因，并加以修正。修正之后，重新测定，直至满足要求。

3. 回收率试验

（1）加标回收试验的作用

加标回收试验指在样品中加入一定量的被测组分后将其与样品同时测定，进行对照试验，考察加入的被测组分能否定量回收，以了解测定中是否存在干扰因素，以此判断所选用的测定方法能否用于该样品分析。

（2）加标水平

通常以标准物质的加入量与样品中被测组分的含量相等或接近为宜。若被测组分的含量较高，则加标后被测组分的总量不宜超过方法线性范围上限的 90%；若其含量小于检出限，则按照测定下限加标。任何情况下加标量都不得超过待测物浓度的 2 倍。

（3）结果评价

对于一般常量分析的测定项目，一般要求加标回收率为 90%～110%；对于痕量的有机物分析，样品加标回收率一般为 60%～120%，一些特殊分析项目需要实际测定后得到。加标回收率的计算方式如下。

$$加标回收率（\%）=\frac{加标的样品测定结果-样品测定结果}{加标量}\times100\%$$

4. 内部比对

某一样品的检测项目完成后，再用相同或不同的方法（留样再测）以及不同的人员（人员比对）、不同的仪器（仪器比对）对该样品的相同参数进行复测，根据其比对结果的符合程度，估计测定结果的可靠性。

（1）人员比对

参考国内外环境监测站对分析人员的素质要求，分析从业人员应符合的基本从业技术要求如下。

① 至少进行专业技术培训，考试合格后才能承担分析工作。

② 应取得国家认可的分析人员上岗资质，熟练掌握本岗位的分析技术，对承担的各项分析项目要做到理解原理、操作正确、严守规程、准确无误。

③ 认真做好分析测试前的各项技术准备工作，包括实验用水、试剂、标准溶液、器皿、仪器等均符合要求方能进行分析测试。

④ 负责填报分析结果，做到书写清晰、记录完整、校对严格、实事求是。

⑤ 及时完成分析测试后的实验室清理工作，做到现场环境整洁，工作交接清楚，做好安全检查。

分析实验室内要有质量保证专职或兼职人员，以负责样品分析的质量保证工作。分析质量保证人员熟悉质量保证的内容、程序和方法，了解样品分析环节中的技术关键，掌握有关的数理统计知识等。

（2）仪器比对

实验室检测设备的量程、灵敏度和准确度等性能应满足检查要求，计量仪器要依法进行定期检定，标有"准用"标志，并在检定或校准合格的有效期内使用。一些对安装环境有特殊要求的仪器设备，应满足其对安装环境和条件的要求。每台仪器设备应当有专门的使用记录和维护记录。仪器档案内容应包含仪器与设备检定、校准、使用、维护、维修等相关信息。应保存每一台仪器设备的档案信息，内容如下。

① 仪器设备铭牌。

② 制造厂商名称、仪器设备型号、序号或其唯一性标识。

③ 验收后接收日期和启用日期。

④ 目前放置地点。

⑤ 接收时的状态及验收记录。

⑥ 仪器设备的使用说明书。

⑦ 检定和校准的日期和结果，以及下次需检定和校准的日期。

⑧ 仪器设备的维护保养记录。

⑨ 仪器设备的损坏、故障、改装或维修的历史记录。

玻璃容量器皿如容量瓶、吸量管、移液管等和微量注射器、移液枪等，其量值必须经过检查和校正。玻璃和聚乙烯器皿的内壁应洗涤至无固体沉积物并且不挂水珠。用于检测微量元素的器皿，应用硝酸等溶液浸泡清洗。用于检测微量有机物的器皿，应用重铬酸钾洗液或萃取液、解吸液淋洗内壁。

（3）方法比对

方法比对试验是指对同一样品采用不同检测方法而进行同一项目的检测，即样品的检测过程中仅检测方法不同。方法比对中采用的方法有经典方法和简便快捷的方法。

当某项实验有多种检测方法进行操作时，实验室可以考虑采用方法比对的质量控制方式。即可通过比较分析结果是否一致，来判断和评价检测方法对检测结果准确度、稳定性和可靠性的影响。以下方法优先适用于方法比对实验。

① 最新实施的标准、方法。

② 引进的新技术、新方法和研制新方法。

③ 已有的具有多个标准检验方法的项目。

无特殊要求情况下，环境样品项目的测定应选用国家颁布的标准方法或统一的检测方法。无标准方法或统一方法时，可选用国内外公认的检测方法，但应经过验证。要求此方法不受样品中共存物的干扰，准确度、精密度和检出限能满足检测的要求，并将操作规范化。需要研制新方法时，必须按照研究规范和采样规范中规定的要求进行研究和验证，并将操作规范化。

注意，在用变动较大的测定方法测定样品时，每测定 10 个样品需要加测一个质量控制样品或标准溶液，以检查测定条件的变动。

5. 留样再测

留样再测是指考虑检测时间不同，用以监测上次测定结果与此次检测结果之间的差异，通过差异的大小来评价检测结果的可靠性、准确性以及公正性。当需要对留样进行样品特性监控、验证检测结果公正性或验证检测结果再现性时，应采取留样再测的质量控制手段。

6. 样品不同特性的相关性检验

同一样品的某些参数之间往往存在一定的内在关系，对这些存在内在关系的检测值进行比对，若相关检测结果相互矛盾，应查找原因并使相关参数间的结果趋于合理。

7. 校准曲线的绘制

一元线性回归校准曲线法作为一种最普遍的定量方法，广泛应用于环境监测的样品分析领域。校准曲线（calibration curves），即待测物质浓度或量与相应的测量仪器相应量或其他指示量之间的定量关系曲线。

根据校准曲线的具体制作方法不同，可以将其分为工作曲线和标准曲线。工作曲线是指标准溶液的分析步骤与样品分析步骤完全相同，包含样品的前处理分析等步骤，可理解为全程序曲线；而对于标准曲线，其分析和制作步骤相比工作曲线有所省略，即直接用标准物质和实验室用水来配制标准溶液。但在日常使用过程中往往将二者混淆，有时直接使用标准曲线代替工作曲线进行日常分析。这样做不仅让分析工作变得很不严谨，而且得到的结果往往难以满足质量要求。

（1）外标法

用已知浓度的待测组分的纯品作为对照物质，和样品中待测组分的相应信号相比较而进行定量的方法称为外标法（external standard method）。外标法不是把标准物质加入被测样品中，而是在与被测样品相同的检测条件下单独测定的。外标物与被测组分同为一种物质但要求它有一定的纯度，分析时外标物的浓度应与被测物浓度相接近，以利于定量分析的准确性。

（2）内标法

内标法（internal standard method）是一种间接或相对的校准方法，是色谱分析中一种比较准确的定量方法，尤其在没有标准物对照时，此方法更显其优越性。内标法是将一定重量的纯物质作为内标物加到一定量的被分析样品混合物中，然后对含有内标物的样品进行色谱分析，分别测定内标物和待测组分的峰面积（或峰高）及相对校正因子，按公式和方法即可求出被测组分在样品中的百分含量。

内标化合物应当是一个能得到纯样的已知化合物，能够准确地加入样品中，它和被测组分有基本相同或尽可能已知的物理、化学性质（如化学结构、挥发度、溶解度等）、色谱行为和响应特征，最好是被测分析物质的一个同系物。在少数情况下，也可以使用一种在这种过程中很容易被完全回收的化合物作为内标物来测定感兴趣的化合物的回收率，而不必遵循以上所说的选择原则。

替代物和内标物质类似，从前处理开始就加入样品中，直至最后分析过程结束。通过计算该替代物的回收率来判定整个测定方法的有效性和准确度。

8. 空白试验

空白试验是用蒸馏水或去离子水或样品相似基体代替试样的试验，其他分析步骤与样品的测定完全一致。空白试验值的大小及其分散程度对分析结果的精密度和分析方法的检测限都有很大影响。空白试验的重复性如何，能够反映试验用水和化学试剂的纯度、玻璃容器的洁净程度、分析仪器的性能及其稳定性、实验室内部环境的污染状况。一般来讲，在严格的操作条件下，对某个分析方法的空白值通常只在很小的范围内波动。日常样品的检测要求必须做空白试验，检测结果用空白试验结果进行校正，两个平行空白的相对偏差应小于50%，若空白试验值明显超过正常值，则应该查找原因，重新检测。

9. 平行双样试验

平行双样的质量控制方式是指分析中对同一样品在完全相同的条件下进行同步分析，可按照样品的复杂程度、所用方法和仪器的精确度等因素安排平行双样的分析数量。一般情况下，一批样品至少随机抽取10%的样品进行平行双样测定。

平行双样测定结果的相对偏差（平行双样测定值之差/平行双样测定值之和×100%）不得超过规定值，若超过个体样品应重新测定。群体样品若测定合格率低于90%，除对不合格样品重新测定外，应再增加10%～20%的平行双样，如此累进，直到合格率达到95%为止。

（三）实验室外部质量控制

实验室间质量控制也叫外部质量控制，它是在实验室内部质量控制的基础上进行的，可以由上一级实验室定期或不定期地对下一级实验室进行组织实施，也可以由各实验室自发协商组织实施。

外部质量控制可以考核和评价各实验室对特定实验或检测的能力水平，同时也能了解各实验室是否有效地进行了实验室内部质量控制，还能发现如试剂耗材等引起的误差，并及时采取纠正措施。外部质量控制的手段包括实验室间比对、能力验证和测量审核，这可以同时实现横纵两个方向的比较，及时发现自身的不足并在持续改进中发展。

实验室间比对是按照预先规定的技术方案，由两个或多个实验室对相同或类似的测试样品进行检测的组织、实施和评价，从而确定实验室能力、识别实验室存在的问题与实验室间的差异，是判断和监控实验室能力的有效方法之一。

能力验证是由主管机构和上级部门组织安排的，它是按照预先制订的准则，借助外部质量保证工具，通过实验室间比对，来判断实验室检测能力的一种评定活动。当有的量值的溯源尚难实现或无法实现时，可利用能力验证来表明测量结果的可信度。

测量审核是指实验室对被测物品进行实际测试，将测试结果与参考值进行比较的活动。它是能力验证计划的有效补充。

第三章　环境中无机污染物的
前处理技术

本章分别对环境中无机污染物的前处理技术进行介绍，其中包括直接测定、显色反应、消解、蒸馏、搅拌、过滤、离心、沉淀、酸化—吹气—吸收、加热蒸发、干燥、灼烧、浸出、超声提取、液-液萃取、离子交换。

第一节　直接测定

一、直接测定基本原理

测量方法是人们认识自然界事物的一种手段，根据量值取得方式的不同测量方法可分为直接测量法和间接测量法。例如，要知道某块金属的质量，可以用天平进行测量，而使用天平就是一种测定质量的方法。

环境中其他无机污染物检测的前处理技术主要分为直接测定和间接测定，其中直接测定是指用测量精确程度较高的仪器直接得到测定结果的方法。例如，在使用仪表或传感器进行测量时，测得值直接与标准量进行比较，不需要经过任何运算，直接得到被测量的数值，这种测量方法称为直接测定法。被测定与测定值之间的关系可用 $y=x$ 表示，式中 y 指的是被测量的值，x 指的是直接测得的值。

二、直接测定与间接测定的区别

（一）直接测定法

直接测量是指直接得到而不必通过测量与被测量有函数关系的其他量，得到能被测量值的测量。放到环境检测中，也就是所测指标可以直接使用仪器测定。现实中许多测量采用直接测量，测量结果由测量仪器的示值直接给出。有时为了减小测量的系统误差，需要补充测量来确定影响量的值，再对测量结果进行修正，这类测量仍属于直接测量。

（二）间接测定法

间接测定法需要通过数学模型的计算得出测定结果。通过被测定结果与某些物理量的函数关系，先测出这些物理量（间接量），再得出被测定数值的方法。如检定一块压力表，测定结果是被检表示值减去压力计的示值而得。显然，直接测定比较直观。间接测量比较烦琐。当被测尺寸用直接测定达不到精度要求时，就不得不采用间接测定。我们在进行化学检测时，要对所测定样品进行一系列的处理，通过转换最终测得一个结果。

三、提高直接测定精度的措施

测量时采用高精度的仪器，进行温度校正，多次测量求平均，多次测量得出相对标准偏差 RSD；同时测定坐标和方位角（距离）计算对比，尽量保证前后测量方式统一。

四、直接测定不确定度的分类

直接测定就是用测定仪器直接获得的被测定的量值的方法，分为等精度和不等精度。

等精度测定是指在参与测定的要素均不发生改变的条件下进行的多次重复测定。等精度测定是一个理想的条件，需要进行不确定度评定。首先要判定是否存在系统误差和粗大误差，对系统误差应设法消除或加以修正；对测定数据进行粗大误差的判别，确定为粗大误差的应予以剔除。不能够消除的系统误差应进行不确定度的评定。

不等精度测量是指在测量过程中，除被测对象不改变，其他的要素发生改变的测量。如仪器、测量方法、测量环境以及检测人员中任何一项发生改变，都可认为是不等精度测量。不等精度测量中不确定度计算涉及权值，即测定的可信赖程度，权值越大可靠程度越高。在其他测量条件相同的情况下，测量次数越多，测量结果越可靠，其权值也越大，故可用测量次数来确定权值。

五、直接测定的应用示例

以《水质 pH 值的测定 电极法》（HJ 1147—2020）为例。

方法原理：pH 由测量电池的电动势而得。该电池通常以饱和甘汞电极为参比电极，以玻璃电极为指示电极。在 25 ℃时，溶液中每变化 1 个 pH 单位，电位差改变为 59.16 mV，据此在仪器上直接以 pH 的读数表示。

测定步骤如下所述。

仪器校准：使用 pH 广泛试纸粗测样品的 pH，根据样品的 pH 大小选择两种合适的校准用标准缓冲溶液。采用两点校准法，按照仪器说明书选择校准模式，先用中性（或弱酸、弱碱）标准缓冲溶液，再用酸性或者碱性标准缓冲溶液进行校准。

温度补偿：手动温度补偿的仪器，将标准缓冲溶液的温度调节至与样品的实际温度一致，用温度计测量并记录温度。校准时，将酸度计的温度补偿旋钮调至该温度上。带有自动温度补偿功能的仪器，无须将标准缓冲溶液与样品保持同一温度，按照仪器说明书进行操作。

样品测定：用蒸馏水冲洗电极并用滤纸边缘吸去电极表面水分，现场测定时根据使用的仪器取适量样品测定或直接测定；实验室测定时将样品沿杯壁倒入烧杯中，立即将电极浸入样品中，缓慢水平搅拌，避免产生气泡。待读数稳定后记下 pH。具有自动读数功能的仪器可直接读取数据。每个样品测定后用蒸馏水冲洗电极。

需要注意的是，测定时必须使用带有自动温度补偿功能的仪器；校准也可以选用多点校准法，按照仪器说明书操作，在测定实际样品时，需采用 pH 相近（不得大于 3 个 pH 单位）的有证标准样品或标准物质核查；酸度计 1 min 内读数变化小于 0.05 个 pH 单位即可视为读数稳定。

第二节　显色反应

一、显色反应基本原理

显色反应是将试样中待测组分转变成有色化合物的化学反应，一般出现在光度分析中。

因为分光光度法的基本原理是利用朗伯-比尔定律，在待测组分中加入一定的显色剂，根据不同浓度的试样对光信号具有不同的吸光度，对待测组分进行定量测定。在无机分析中，很少直接利用金属水合离子本身的颜色进行光度分析，由于它们的吸光系数值都很小，一般都是选择适当的显色剂，与待测组分发生显色反应。

显色反应既有氧化还原反应，也有配位反应，一般发生的都是配位反应。

二、显色剂的选择

在显色反应中，要选择适合的显色剂，应满足以下要求。

显色剂的选择性要好，一种显色剂最好只与被测组分起显色反应，干扰少或干扰容易消除。

显色剂的灵敏度要高，分光光度法用于微量组分的测定，所以一般选择生成有色化合物吸光度高的显色反应。但灵敏度过高，反应选择性不一定好。所以在选择显色剂时应全面考虑。

所形成的有色化合物应足够稳定，而且组成恒定，有确定的组成比。对于形成不同配位比的配位反应，必须注意控制实验条件，避免组成的配合物引起误差。

所形成的有色化合物与显色剂之间的颜色差别要大。这样显色时的颜色变化鲜明，而且在这种情况下，试剂空白较小。一般要求有色化合物的最大吸收波长与显色剂最大吸收波长之差在 60 mm 以上。

显色反应的条件要易于控制，如果要求过于严格难以控制，则会导致测定结果的再现性较差。

其他因素还包括显色剂的溶解度、稳定性和价格等。

三、显色反应的条件控制

显色反应能否满足分光光度法的要求，除了与显色剂的性质有关，控制好显色反应的条件也十分重要。影响显色完全的条件包括显色剂用量、酸度、显色温度、显色时间及共存离子。

（一）显色剂用量

为了使显色反应尽可能进行，需加入适当过量的显色剂。但加入时切忌过量太多，否则会引起其他副反应，对原本的测定反应不利。显色剂用量对显色反应主要有以下 3 种情况，如图 3-2-1 所示。

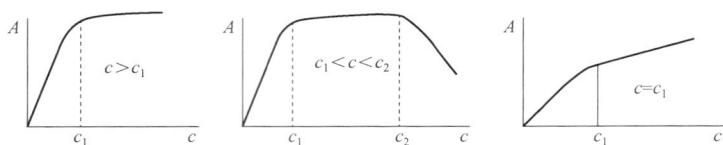

图 3-2-1　显色剂用量对显色反应的影响结果

（1）第一种情况，曲线中，测定时浓度要大于 c_1。

（2）第二种情况，曲线中当显色剂浓度继续增大时，吸光度反而下降。此时必须严格控制显色剂的用量，测定时浓度 $c_1 < c < c_2$。

（3）第三种情况，当显色剂的浓度不断增大时，吸光度不断增大。此时应严格控制显色剂的用量。

在实际工作中，显色剂的适宜用量是通过多次实验求得的。固定待测组分的浓度和其他条件，分别加入不同含量的显色剂，测得其吸光度，以吸光度-显色剂用量绘制曲线，吸光度最大处对应的显色剂的用量即为合适的用量。

（二）酸度

溶液酸度对显色反应的影响来源于金属离子、显色剂及有色配合物。

1. 影响被测金属离子的存在状态

大部分高价金属离子都容易水解。当溶液的酸度降低时，可能形成一系列氢氧基或多核氢氧基配合离子，不利于显色反应。

2. 影响显色剂的平衡浓度和颜色

显色剂多为有机弱酸，溶液的酸度影响显色剂的离解，并影响显色反应的完全程度。此外，许多显色剂本身就是酸碱指示剂，溶液的酸度对显色剂本身的颜色也会产生改变。

3. 影响配合物的组成

对于生成逐级配合物的显色反应，酸度不同，配合物的配合比不同，其颜色也会不同。

因此，某一显色反应最适宜的酸度可通过多次实验来确定。固定待测组分及显色剂的浓度，改变溶液的 pH。测定其吸光度，绘制吸光度-pH 关系曲线，曲线平坦部分对应的 pH 为适宜的酸度范围。

（三）显色温度

显色反应大多在室温下进行，但有些反应必须具备加热条件。应该注意的是，许多有色化合物在温度较高时容易分解。

（四）显色时间

有些显色反应瞬间完成，溶液颜色很快达到稳定状态；有些显色反应虽能迅速完成，但某些配合物的颜色很快开始褪色；有些显色反应进行缓慢，需放置一段时间后显色才稳定。因此适宜的显色时间必须通过多次实验来确定。加入显色剂后开始计时，每隔几分钟测定一次吸光度，绘制吸光度-时间曲线来确定适宜的时间。

（五）共存离子

如果共存离子本身有颜色，或者共存离子与显色剂生成有色的配合物，则会使吸光度增加，造成正干扰。

如果共存离子与待测组分或显色剂生成无色配合物，则会降低待测组分或显色剂的浓度，从而影响显色剂与待测组分的反应，引起负干扰。

消除共存离子干扰的一般方法如下。

（1）尽可能采用选择性高、灵敏度也高的特效试剂。

（2）控制酸度，使干扰离子不产生显色反应。

（3）加入掩蔽剂，使干扰离子被络合不发生干扰，而待测离子不与掩蔽剂反应。

（4）加入氧化剂或还原剂，改变干扰离子的价态以消除干扰。

（5）选择适当的波长以消除干扰。

（6）萃取法消除干扰。

（7）其他能将待测组分与杂质分离的步骤，如离子交换、蒸馏等。

（8）利用参比溶液消除显色剂和某些有色共存离子干扰。

（9）利用校正系数从测定结果中扣除干扰离子影响。

四、显色剂分类

显色剂分为无机显色剂和有机显色剂。

（一）无机显色剂

许多无机试剂能与金属离子发生显色反应，如与氨水反应生成深蓝色的配离子，但多数无机显色剂的灵敏度和选择性都不高。其中性能较好，使用较多的无机显色剂，如表 3-2-1 所示。

表 3-2-1　常用的无机显色剂

显色剂名称	反应类型	滴定元素	酸度	颜色	测定波长/nm
硫氰酸盐	配位	Fe（Ⅲ）	0.1～0.8 mol/L 硝酸	红	480
硫氰酸盐	配位	Mo（Ⅵ）	1.5～2 mol/L 硫酸	橙	460
硫氰酸盐	配位	W（Ⅴ）	1.5～2 mol/L 硫酸	黄	405
硫氰酸盐	配位	Nb（Ⅴ）	3～4 mol/L 盐酸	黄	420
钼酸铵	杂多酸	Si	0.15～0.3 mol/L 盐酸	蓝	970～820
钼酸铵	杂多酸	P	0.5 mol/L 硫酸	蓝	670～830
钼酸铵	杂多酸	V（Ⅴ）	1 mol/L 硝酸	黄	420
钼酸铵	杂多酸	W	4～6 mol/L 盐酸	蓝	660
氨水	配位	Cu（Ⅱ）	浓氨水	蓝	620
氨水	配位	Co（Ⅲ）	浓氨水	红	500
氨水	配位	Ni	浓氨水	紫	580
过氧化氢	配位	Ti（Ⅳ）	1～2 mol/L 硫酸	黄	420
过氧化氢	配位	V（Ⅴ）	0.5～3 mol/L 硫酸	红橙	400～450
过氧化氢	配位	Nb	18 mol/L 硫酸	黄	365

（二）有机显色剂

大多数有机显色剂常与金属生成稳定整合物，有机显色剂中一般都含有生色团和助色团。有机化合物中的不饱和键基团能发生 n→n* 跃迁，吸收 200～800 mm 的紫外光或可见光。这种基团称为广义的生色团，如偶氮基（—N＝N—）、醌基等。

某些有孤对电子的基团，可以影响有机化合物对光的吸收，使颜色加深，这些基团称为助色团。例如氨基（—NH_2）、羟基（—OH）等，以及卤代基

（X—）等，它们能与生色团上的不饱和键相互作用，导致生色团上的共轭体系电子云的流动性增大，分子中 n—n*跃迁的能级差减小，促使试剂对光的最大吸收向长波方向移动。有机显色剂是一般分析工作中常用的显色剂，具有以下优点。

（1）颜色鲜明，灵敏度高。

（2）稳定，离解常数小。

（3）选择性高，专属性强。

（4）可被有机溶剂萃取，广泛应用于萃取光度法。

有机显色剂种类很多，常用的有以下几种。

（1）邻二氮菲。属于 N—N 型螯合显色剂，是目前测定微量物质较好的显色剂。显色灵敏度高，可直接测定二价铁，也可用还原剂（如盐酸羟氨）将三价铁还原为二价铁，在 pH 值为 5～6 条件下，二价铁与待测样品作用，生成稳定的红色配合物。

（2）双硫腙。属于含硫显色剂，能用于测定多种重金属离子。采用一致的酸碱度及加入掩蔽剂的办法，可以消除金属离子之间的干扰，提高反应的选择性和反应灵敏度。

（3）偶氮胂（铀试剂）。属于偶氮类螯合显色剂，可在强酸性溶液中与 Th(Ⅳ)、Zr(Ⅳ)、U(Ⅳ)等生成稳定的有色配合物，也可以在弱酸性溶液中与稀土金属离子生成稳定的有色配合物，用于测定稀土的总量。

五、显色反应的应用示例

下面我们将通过两个例子进行讲解。

（1）《水质　铁的测定　邻菲啰啉分光光度法（试行）》（HJ/T 345—2007）。

方法原理：亚铁离子在 pH 为 3～9 的溶液中与邻菲啰啉生成稳定的橙红色络合物，此络合物在避光时可稳定保存半年。测量波长为 510 nm，其摩尔吸光系数为 1.1×10^4 mol·cm。若用还原剂（如盐酸羟胺）将高铁离子还原，则本法可测高铁离子及总铁含量。

（2）《水质　铅的测定　双硫腙分光光度法》（GB/T 7470—1987）。

方法原理：在 pH 为 8.5～9.5 的氨性柠檬酸盐-氰化物的还原性介质中，铅与双硫腙形成可被氯仿萃取的淡红色的双硫腙铅螯合物，萃取的氯仿混色液，于 510 mm 波长下进行光度测量，从而求出铅的含量。

第三节 消 解

在测定被污染的环境样品中的无机污染物时，常需要对此样品进行消解处理。消解处理的原理是利用酸体系或碱体系在加热条件下氧化样品中的有机物或还原性物质。消解处理的目的是破坏样品中存在的有机物、溶解颗粒物，将不同价态的待测元素氧化成单一高价态元素或转变成易于分解的无机化合物。

样品消解处理时应注意以下几点。

（1）消解过程中不得使待测组分损失。

（2）消解过程中不得带入污染物且需最大限度去除样品中的干扰物质。

（3）消解处理要安全、快速，不给后续分析操作步骤带来困难。

消解分为湿法消解、干法消解和微波消解，在其他无机污染物的检测中，常用湿法消解和干法消解处理样品。根据消解时所使用的设备不同可分为电热板消解法、高压蒸汽灭菌器消解法、碱熔消解法和消化炉消解法。

一、电热板消解法

（一）电热板消解法基本原理

电热板消解常用于水样、土壤样品的前处理。

使用电热板消解处理试样时应注意以下几点。

（1）此操作应在通风棚内进行。

（2）常用的氧化剂有硝酸、硝酸-高氯酸等，多为强氧化性酸，故消解加入氧化剂时应缓慢加入防止喷溅。

（3）消解时不可将消解液蒸干。

（二）电热板消解法应用示例

下面我们以《生活垃圾化学特性通用检测方法》（CJ/T 96—2013）为例进行介绍。

方法原理：试样经硫酸-高氯酸消解，其中难溶盐和含磷有机物分解形成正磷酸盐进入溶液，在酸性条件下，磷与钒钼酸铵反应生成黄色的三元杂多酸，于波长 420 mm 处进行比色测定。磷浓度在一定的范围内服从比尔定律。

操作步骤：首先，称取试样约 0.5 g，于 100 mL 锥形瓶中，用少许水湿润试样后，加入 2 mL 浓硫酸，1.5 mL 高氯酸，摇匀，瓶口盖一小漏斗，置于电热板上加热消解，开始温度不宜过高，至试样冒大量白烟，消解液若仍呈黑色或棕色，则表示高氯酸用量不足，此时可移下锥形瓶；稍冷后，滴加高氯酸继续消解，待消解液呈灰白色，再消解约 20 min。之后取下锥形瓶，冷却至室温，将瓶内消解液全部转移到 100 mL 容量瓶中，并用蒸馏水反复冲洗小漏斗和瓶壁，加水至标线，静置，待测。

二、高压蒸汽灭菌器消解法

（一）高压蒸汽灭菌器消解基本原理

高压蒸汽灭菌器消解是指取适量样品于具塞磨口比色管或具塞磨口锥形瓶中，加入氧化剂后盖紧瓶塞，用纱布和线绳扎紧瓶塞，放入高压蒸汽灭菌器中，在一定压力和温度条件下消解一段时间，使样品中的有机物或还原性物质被氧化。取出冷却至室温待测。

使用高压蒸汽灭菌器消解时需注意以下几点。

（1）使用高压蒸汽灭菌器时，应定期检定压力表，并检查橡胶密封圈密封情况，避免因漏气而减压。

（2）高压蒸汽灭菌器使用完毕后需及时排水，以防止设备内部被腐蚀生锈。

（3）在使用高压蒸汽灭菌器时，安全气阀应保持通畅，否则易造成爆炸事故。

（二）高压蒸汽灭菌器消解应用示例

下面以《水质 总磷的测定 钼酸铵分光光度法》（GB/T 11893—1989）为例进行介绍。

方法原理：在中性条件下用过硫酸钾使试样消解，将所含磷全部氧化为正磷酸盐，在酸性介质中，正磷酸盐与钼酸铵反应，在锑盐存在下生成磷钼杂多酸后，立即被抗坏血酸还原，生成蓝色的络合物。

操作步骤：向试样中加入 4 mL 过硫酸钾溶液（50 g/L），将具塞刻度管的盖塞紧后，用一小块纱布和线将玻璃塞扎紧，放在大烧杯中置于高压蒸汽灭菌器中加热，待压力达到 1.1 kg/cm²，相应温度为 120 ℃时，保持 30 min

后停止加热，待压力表读数降至零后，去除放冷，然后用水稀释至标线待测。

三、碱熔消解法

（一）碱熔消解基本原理

碱熔消解属于干式分解法，多用于固体样品的消解。其操作步骤为：取适量样品于坩埚中，加入强碱后移入马弗炉，马弗炉升温至一定温度，灼烧样品至灰白色，使样品中有机物完全分解。取出坩埚，冷却，取适量酸溶液或水溶液溶解样品灰分，过滤，溶液定容后待测。使用碱熔消解处理样品时需注意以下几点。

（1）使用马弗炉时需注意高温及接电安全，灼烧样品时不宜将样品放置过于紧密，必须留出足够空间，以便于空气循环。

（2）此消解方法不适用于测定易挥发物质。

（3）待消解样品放入马弗炉中消解时，应加盖处理，避免高温灼烧时样品喷溅。

（二）碱熔消解应用示例

下面以《固体废物 氟的测定 碱熔-离子选择电极法》（HJ 999—2018）为例进行介绍。

方法原理：样品中的氟经氢氧化钠高温熔融后提取，在一定的 pH 值范围和总离子强度下，用氟离子选择电极法测定，溶液中氟离子浓度的对数与电极电位在一定范围浓度内呈线性关系。

操作步骤：称取 0.10～0.25 g（精确至 0.1 mg）干燥过筛后的样品，置于预先加入适量氢氧化钠垫底的镍坩埚中，将 3 g 氢氧化钠均匀盖于样品表面，加盖后放入马弗炉中，按照程序升温进行碱熔消解。消解后，待温度降至室温，将镍坩埚取出，用约 80 mL 热水分几次浸取，全部转移至聚乙烯烧杯中。必要时，可用电热板或超声波清洗器辅助溶解。再缓慢加入 5 mL 盐酸溶液，冷却后全部转移至 100 mL 具塞比色管中，用水稀释至标线，摇匀，静置或用定性滤纸过滤后待测。

（三）碱熔消解装置的改进

氟元素与人体的健康密切相关，土壤中的氟是大多数地方水和食物的主要来源，了解土壤中的氟含量以及氟的迁移转化对地氟病的研究具有重要意义，虽然测量氟的方法有很多，但土壤氟前处理均是称取少量样品于镍坩埚，加入氢氧化钠后于马弗炉中，600 ℃熔融一定时间，然后取出冷却、溶解。而在敞开式的熔融过程中，由于温度较高，经常出现少量样品与氢氧化钠溅溢出坩埚情况，从而影响后面的定量分析准确性，马弗炉较小的空间容量也严重影响了前处理的效率。因此更加简便高效的土壤氟消解装置对于土壤氟的分析显得尤为重要。

现有的加热消解设备通常采用铝材质进行导热，加热座在导热过程中，由于具有较大的表面积，会散发大量热量，产生热量散失，并且在加热过程中，传统的加热设备通常采用盖板导热至加热座的方式，导热效率不够高，会增加加热所需的电能。为解决上述问题，作者设计了一款碱熔消解装置，如图 3-3-1 所示。

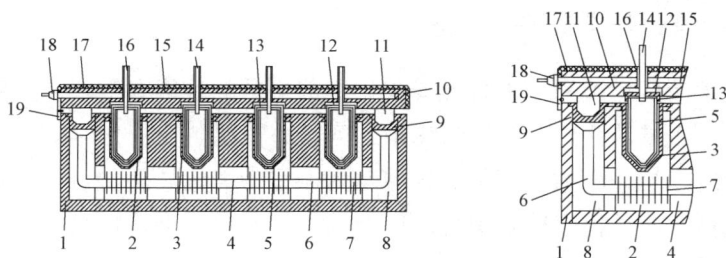

图 3-3-1 碱熔消解装置

1—加热座；2—第一导热仓；3—导热管；4—通孔；5—消解杯；6—导热杆；7—铝片；8—第二导热仓；9—第一嵌合块；10—盖板；11—第二嵌合块；12—嵌合槽；13—杯盖；14—导管；15—加热管；16—插孔；17—石英棉；18—电源座；19—合页

该装置包括加热座、第一导热仓、消解杯、导热杆、第二导热仓、第一嵌合块、盖板和加热管；所述加热座上方设置有盖板；所述加热座两端内部开设有等距分布的第一导热仓；所述加热座两端内部开设有等距分布的第二导热仓；所述第一导热仓与第二导热仓之间开设有通孔；所述第一导热仓上端内部嵌入安装有导热管；所述导热管内部放置有消解杯；所述第二导热仓上端嵌入安装有第一嵌合块；所述第一嵌合块下端连接有贯穿第一导热仓和通孔的导热杆；所述盖板下表面开设有等距分布的嵌合槽；所述嵌合槽内壁开设有插孔；所述盖板两端下表面焊接有等距分布的第二嵌合块；所述消解杯上端转动套接有杯盖；所述杯盖内部插接有导管；所述盖板内部嵌入安装有加热管。

在实际使用过程中，样品添加至消解杯中，工作人员可将消解杯置于导热管中，并将盖板与加热座嵌合，使得第一嵌合块与第二嵌合块相互嵌合。加热管通电后产生热量，对盖板进行加热。盖板热量通过第一嵌合块和第二嵌合块进行传输，第一嵌合块将热量传输至导热杆，导热杆对第一导热仓和第二导热仓中的导热油加热。导热油与导热管全面接触，将热量集中传导至导热管中，减少了热量通过加热座表面的散失和实现集中加热的目的，使热量更加集中地对导热管中的消解杯进行加热，并且杯盖可对消解杯中的样品进行遮挡，防止样品的飞溅。加热管可独立控制，调节盖板之间不同位置的温度，实际使用效果更好。

四、消化炉消解法

（一）消化炉消解基本原理

消化炉消解一般与定氮仪配套使用。消化炉的种类有很多，主要分为红外消化炉、石墨消化炉、铝锭消化炉。不同的消化炉在消化时间和消化样品的彻底程度上也是不太相同的。其原理为：将待消化样品加入消化炉中，再加入消化液，通过程序控制消化温度及消化时间以达到消化目的。常用的试剂有：浓硫酸、硫酸钾等。

使用消化炉消解样品时需注意以下几点。

（1）消化炉属于高温加热设备，在使用时需确保接电安全及人身安全。

（2）消化时不可使用强火，强火会使消解液爆沸溅起，导致消解不完全。

（二）消化炉消解应用示例

下面我们以《土壤质量 全氮的测定 凯氏法》（HJ 717—2014）为例进行介绍。

方法原理：土壤中的全氮在硫代硫酸钠、浓硫酸、高氯酸和催化剂的作用下，经氧化还原反应全部转化为铵态氮。消解后的溶液碱化蒸馏出的氨被硼酸吸收，用标准盐酸溶液滴定，根据标准盐酸溶液的用量来计算土壤中全氮的含量。

操作步骤：称取 0.200 0～1.000 0 g 试样，放入消解瓶中，用少量水湿润，依次加入 1～2 g（1＋9）硫酸铜、硫酸钾催化剂，0.5 g 硫代硫酸钠还原剂，

1 mL·50 g/L 高锰酸钾溶液，最后加入 5 mL 浓硫酸，摇匀，将消解瓶放于消化炉中消解。消解时保持微沸状态，使白烟到达瓶颈 1/3 处回旋，待消解液和土样全部变成灰白色稍带绿色后，表明消解完全，冷却，待测。

注意，消化炉消解完成后，冷却阶段不能关闭水源，否则会有剩余的废气逸出；在消解时如遇气体逸出情况，应加大水源水压；每次消解结束后应清洗消化密封圈外壁以延长使用寿命。

第四节　蒸　馏

一、蒸馏基本原理

蒸馏是一种分离技术，是利用组分之间的沸点不同，通过加热使液体汽化为蒸气后再遇冷凝结为液体从而得到待测组分的过程。与其他分离手段相比，它的优点在于不需使用系统组分以外的其他溶剂，因此不会引入新的杂质。

二、蒸馏的类型

（一）常压蒸馏

常压蒸馏也称简单蒸馏，指在正常大气压（一个大气压）下进行的蒸馏，通过蒸馏可以用来分离和提纯有机化合物，也可以用来测定物质的沸点。

（二）减压蒸馏

液体的沸点是指它的蒸气压等于外界压力时的温度，因此液体的沸点是随外界压力的变化而变化的，如果借助于真空泵降低系统内压力，就可以降低液体的沸点，这便是减压蒸馏操作的理论依据。减压蒸馏是分离和提纯有机化合物的常用方法之一。

（三）分馏

分馏也叫作精馏，是分离几种不同沸点的混合物的一种方法，在一个设备中进行多次部分汽化和部分冷凝，以分离液态混合物，如将石油经过分馏可以分离出汽油、柴油、煤油和重油等多种组分。

三、蒸馏设备的组成

蒸馏设备主要包括以下几个部分。

（1）加热源。加热源应能使蒸馏瓶均匀受热。可根据具体情况选择不同的温度，以控制蒸馏速率。

（2）蒸馏烧瓶。蒸馏烧瓶为全玻璃具塞器具，是一种用于液体蒸馏或分馏物质的玻璃容器。蒸馏烧瓶与圆底烧瓶较为相似。二者都为圆底，但蒸馏烧瓶瓶颈上有侧管，常与冷凝管配套使用；而圆底烧瓶瓶颈为直管，常用来加热液体。

（3）冷凝管。冷凝管是利用热交换原理使冷凝性气体冷却凝结为液体的一种玻璃仪器，常由一里一外两条玻璃管组成，较小的玻璃管贯穿较大的玻璃管。外管常在两旁，有一下一上的进水和出水口。有直形、球形、蛇形 3 种，规格以长度（mm）表示。

（4）馏出液导管。馏出液导管与冷凝管下端连接带有细口，配合接收瓶用来收集馏出液。

（5）接收瓶。接收瓶没有特定说明，可以依据具体要求进行选择，如容量瓶、比色管等。

四、蒸馏的应用

蒸馏技术在环境检测中的应用非常广泛，常用于环境样品的前处理阶段。

（一）物质分离

蒸馏最基本的应用就是在不同的反应条件下分离出不同的物质，以便于对这些物质进行准确的测定，如水质总氰化物的测定及土壤和沉积物中挥发酚的测定。

（二）去除干扰

检测分析中常有环境样品基质复杂、难以常规分析的情况，可以通过蒸馏来消除样品测定时的干扰。

例如《水质 氨氮的测定 纳氏试剂分光光度法》（HJ 535—2009）在"干扰及消除"中规定：水样浑浊或有颜色时可用预蒸馏法。在蒸馏刚开始时，氨气蒸出速度较快，加热不能过快否则会造成水样暴沸馏出液温度升高，氨吸收不完全。馏出液流出速率应保持在 10 mL/min。

《水质　甲醛的测定　乙酰丙酮分光光度法》（HJ 601—2011）在"试样的制备"中规定：无色、不浑浊的清洁地表水和地下水调至中性后，可直接测定。受污染的地表水、地下水和工业废水需进行蒸馏后再进行测定。预蒸馏时需注意：向试样中加入 15 mL 水，防止有机物含量高的水样在蒸至最后时，有机物在硫酸介质中发生碳化现象而影响甲醛的测定。

（三）制备去离子水

一般来说，实验室用水的要求为蒸馏水或同等纯度的水。

将天然水用蒸馏器蒸馏可制取蒸馏水，其缺点是能耗高、占地广。蒸馏水的杂质主要是二氧化碳和某些低沸物、少量液态水成雾状进入蒸汽中。

（四）提纯

化学试剂在分析化学中的应用极为广泛，试剂的纯度和其杂质含量有着直接关系。提纯试剂的方法有很多，对于易挥发的液体或固体试剂（如各种常用的无机酸、有机溶剂等），蒸馏是最常用的提纯方法。根据被提纯物质沸点的高低，可选用常压或减压蒸馏法进行提纯。

第五节　搅　拌

一、搅拌基本原理

搅拌可以使两种或多种互溶的液体分散，可以使不互溶的液体分散与混合，也可以使气态物质与液态物质混合，或者使固体颗粒物悬浮于液体当中。在化学分析中，搅拌的目的是使反应物混合均匀，加速化学反应，促进传质传热等过程的进行，加快反应速度或者蒸发速度，缩短工作时间。

二、搅拌的类型

环境分析中，搅拌通常分为玻璃棒搅拌和磁力搅拌。

（一）玻璃棒搅拌

玻璃棒是化学分析中最常用的搅拌器具。玻璃棒的物理性质硬度大、熔点高、难溶于水，化学性质不活泼，不与水反应，不与酸（除 HF 外）反应。主要应用于以下两个场景。

（1）溶解时通过搅拌加快物质的溶解速率，并使其充分溶解。

（2）蒸发时通过搅拌加快物质蒸发的速率，防止由于局部温度过高，造成液滴飞溅误伤操作人员。

使用玻璃棒搅拌时需要注意以下几点。

（1）用力得当，切勿过力造成玻璃棒或器皿（如烧杯、蒸发皿等）破裂。

（2）尽量避免碰撞容器壁、容器底，发出响声。

（3）最好以一个方向搅拌（顺时针、逆时针皆可）。

（4）同一根玻璃棒搅拌其他溶液时，需用水多次洗净，用滤纸擦干，避免造成交叉污染。

（二）磁力搅拌

磁力搅拌器是由一个微型马达带动一块磁铁旋转，吸引托盘上溶液中的搅拌子，使其转动。搅拌子是用一小段铁丝密封在玻璃管和塑料管中的（避免铁丝与溶液起反应），随着磁铁的转动而转动，同时又带动溶液的转动，从而起到搅拌作用。带有加热装置的磁力搅拌器，可在搅拌的同时进行加热，温度设置范围为 20～300 ℃。当前智慧型磁力搅拌器已配备数显、定时器、余热指示等功能，越来越符合自动化实验室的需求。

操作磁力搅拌器的步骤如下。

（1）在使用前首先检查电源是否已经连接、调速旋钮是否已归零，以确保实验安全。

（2）将盛有溶液的容器放置于台面上的搅拌位置，放入搅拌子，开启电源，电源指示灯即亮。

（3）打开搅拌开关，指示灯亮，将调速旋钮按顺时针方向由慢到快，调至所需速度，由搅拌子带动溶液进行旋转。

（4）带有加热装置需要升温时，在仪器背面插入温度传感器插头，调节控温旋钮至所需的温度。若无须加热，则把温度调节旋钮调至零位，并拔掉传感器插头。

（5）加热温度若在 70 ℃以上，连续加热时间不得超过 2 h。

（6）加热温度若超过 80 ℃以上，器皿上口应加盖。

（7）溶液混匀之后（溶液透明澄清），先将调速旋钮逆时针方向由快到慢调至为零，如用加热功能则需要将控显旋钮调为零，再关闭电源开关，最后将盛有溶液的容器拿下来。

（8）保持清洁磁力搅拌器及其周围环境卫生。

磁力搅拌多用于离子选择电极法，使用时需要注意以下几点。

（1）插入电极前切勿搅拌溶液，以免在电极表面附着气泡。

（2）搅拌子要沿器壁缓慢放入容器中。

（3）搅拌时速度要适中，稳定，不要形成涡流，测定过程中要连续控拌。

（4）测定时，应遵循从低浓度向高浓度溶液测量的顺序。

（5）实验结束后，应及时清洗电极和搅拌子。

三、搅拌的应用示例

下面我们通过《土壤质量　氟化物的测定　离子选择电极法》（GB/T 22104—2008）进行说明。

操作步骤：称取土壤样品于镍坩埚中，加入氢氧化钠，放入马弗炉中进行碱熔消解。取出后加酸溶解，冷却，加水至标线，摇匀。制备好的试液测定时，吸取上清液先加入 1～2 滴溴甲酚紫指示剂，以盐酸调节溶液 pH 至中性，再加入总离子强度缓冲溶液。试液倒入聚乙烯烧杯中，放入搅拌子，置于磁力搅拌器上，插入氟离子选择电极和饱和甘汞电极，测量试液的电位，在搅拌状态下，平衡 3 min 后读取电位值。

第六节　过　滤

一、过滤基本原理

过滤是在外力作用下，悬浮液中的溶液透过过滤介质，固体颗粒及其他物质被截留，使固体颗粒及其他物质与液体分离的操作。过滤法是最常用的分离溶液与沉淀的操作方法，当溶液和沉淀的混合物通过过滤器时，沉淀就留在过滤器上，溶液则经过过滤器流入接收的容器中。

二、过滤的分类

（一）常压过滤

常压过滤是最简便和常用的过滤方法，使用玻璃漏斗和滤纸进行过滤。

常压过滤操作过程可总结为"一角""二低""三靠"。
"一角"是滤纸的折叠，必须和漏斗的角度相符，
使它紧贴漏斗壁，并用水湿润。"二低"是滤纸的
边缘须低于漏斗口 5 mm 左右，漏斗内液面又要略
低于滤纸边缘，以防固体混入滤液。"三靠"是过
滤时，盛待过滤液的烧杯嘴和玻璃棒相靠，液体沿
玻璃棒流进过滤器；玻璃棒末端和滤纸三层部分相
靠；漏斗下端的管口与用来装盛滤液的烧杯内壁相
靠，最终过滤后的清液成细流沿漏斗颈和烧杯内壁
流入烧杯中（图 3-6-1）。

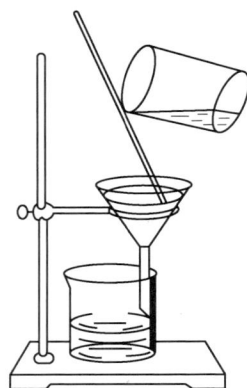

图 3-6-1　常压过滤示意图

　　按照材质，滤纸一般分为定性和定量两种，应
根据分析的需求进行选择。定性滤纸的纤维中含硅量较高，灼烧后的灰分重
量较大，不宜做重量分析，仅适用于做定性分析，可用于无机沉淀物的过滤、
分离以及有机物重结晶的过滤。定量滤纸的纸浆是经过盐酸和氢氟酸浸煮后
制成的，纸中铁、铝、硅等含量很低，能够较有效地抵抗化学反应，灼烧后
每张纸的灰分重量小于 0.01 mg，所以可用作定量分析。

　　按照孔隙大小，滤纸可分为快速、中速和慢速 3 种，一般根据沉淀性质
选择滤纸。当沉淀为粗大晶型时选择中速滤纸，细品或无定性沉淀时选择慢
速滤纸，沉淀为胶体状时应用快速滤纸。根据沉淀物的性质选择合适的滤纸，
如 $BaSO_4$、$CaC_2O_4 \cdot 2H_2O$ 等组品形沉淀，应选用慢速滤纸过滤；$Fe_2O_3 \cdot nH_2O$
为胶状沉淀，应选用快速滤纸过滤；$MgNH_4PO_4$ 等粗品形沉淀，应选用中速
滤纸过滤。

　　按照材质，滤膜可分为玻纤滤膜、微孔滤膜、有机滤膜等。玻纤滤膜具
有各向同性好、孔径分布均匀、定量偏差小，耐热、阻燃、耐水、纳污量大
等特点，一般用于制作框式滤器、折叠滤芯，能有效地对气体、无机溶液、
油液等进行过滤。固体废物六价铬浸出用的就是玻纤滤膜过滤。微孔滤膜是
利用致孔添加剂制作而成，具有孔径均匀、孔隙率高、无介质脱落、质地薄、
滤速快和吸附极小的优点，微孔滤膜可用于悬得物项目的前处理过程。有机
滤膜为高分子聚合物在特殊工艺条件下制成的一种耐各种有机溶剂的筛网
型精密滤材。它可以在液相、气相中分离、净化，富集微粒、异物、飘尘、
气溶胶，产品化学性能稳定且适应范围广，一般用于有机项目的前处理过程。

（二）真空抽滤

真空抽滤操作是利用大气压力与所产生的真空之间形成的压差克服滤料层阻力，从而实现固液分离的。打开抽气泵的开关，倒入固液混合物，应尽量将要过滤的物质置于漏斗中央，防止其未经过滤直接通过缝隙流下。

使用时需注意：首先，操作人员在安装仪器的时候一定要检查一下漏斗和抽滤瓶的中间是否紧密，不能漏气；将滤纸放入其中，先往漏斗中滴加蒸馏水或溶剂，使滤纸与漏斗连接紧密，并开启抽气泵检查滤纸与漏斗连接是否紧密；检查完没有问题后，打开抽气泵，开始抽滤。

在抽滤过程中，当漏斗里的固体层出现裂纹时，应将其压紧，堵塞裂纹，否则将降低抽滤效率。若固体需要洗涤，可将少量溶剂洒在固体上。静置片刻，再将其抽干。停止抽滤时，应先关闭抽气泵开关。当过滤的溶液具有强酸性、强碱性或强氧化性时，要用纤滤纸代替普通滤纸，或用玻璃砂漏斗代替布氏漏斗。

抽滤装置作为使用频率较高的一种实验装置，其中最常见的有玻璃砂芯、布氏漏斗等。虽然抽滤的原理都一样，但因不同的应用领域和目的，能实现抽滤功能的装置的结构组成也不尽相同。这些抽滤装置的主体结构由抽滤瓶、过滤装置以及真空泵三部分组成，目前不同抽滤装置间的差异主要集中在过滤装置部分，而滤瓶和真空泵千篇一律。滤瓶几乎均只作为液体收集装置使用，滤瓶容积大多是 1 L 以上，多样品处理时需要频繁地拆卸、清洗和组装，在处理少量样品时，最后能转出的滤液量也会因更多滤液的残留受到影响。在过滤装置部分，因需要使用滤膜，有的设计成了装液的圆筒加滤膜支撑的结构，如砂芯漏斗过滤装置；有的直接设计成一体，如布什漏斗。然而，如果过滤的目的不仅仅是为了得到液体，而是需要固体，特别是黏稠胶体时，会有许多过滤物粘连在壁上，这给后面的转移操作带来极大不便。因此针对以上问题，本书提供了一种可控温真空抽滤系统（图 3-6-2）的解决方案。

可控温真空抽滤系统包含真空泵、抽滤装置和控制系统。其中，抽滤装置包含控温铝块（2）中间有圆锥形孔，其上孔直径大于下孔直径，孔壁贴有耐热密封片（15）。该孔用于放置滤筒支架（3），滤筒支架（3）的筒壁的倾斜度与铝块中间孔壁的倾斜度以及滤筒膜（4）壁的倾斜度一样，滤筒支架（3）与收集装置连通。滤筒支架（3）为梯形桶结构，底部外直径等于控

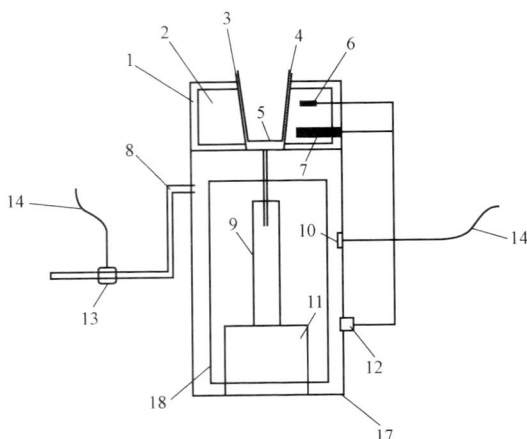

图 3-6-2　可控温真空抽滤系统

温铝块（2）下孔的直径，筒壁高度大于控温铝块（2）中间孔壁高度，以便于取放，材质为玻璃，筒下端有导流管。收集装置置于真空室主体（17）内；真空泵与真空室主体（17）连通；控制系统包含设置于控温铝块（2）上的温度传感器（6）和控温棒（7），与控制器连接。控温棒（7）可加热和降温，使铝块（2）达到设定温度。收集装置包括玻璃收集管（9）和玻璃收集管支架（11）。控温铝块（2）外表面包覆石英棉（1），起保温隔热作用。

相较于传统抽滤，该系统省去了滤瓶的清洗步骤，滤液直接进入收集器皿，抽滤残余物也全部保留在滤筒中；省去传统抽滤时拆卸转移的步骤，大大节省了时间、提高了效率，也节省了实验材料，提高实验产品的利用率。

（三）加压过滤

加压过滤是通过不断施加相同的压力，使过滤部件内部压力高于大气压，此压力与过滤部件外部压力的压差作为过滤推动力的过滤过程。一般用于固废前处理，通过加压过滤得到样品的初始液相。

操作人员应熟悉加压过滤机的工作原理、设备维护保养等，且必须经过培训合格后方能上岗操作，开机前应检查各部件，确保无问题后拧紧，开机操作。

（四）热过滤

如果溶液中溶质在冷却后会析出，而我们又不希望这些溶质在过滤过程中析出而留在滤纸上，这时就需要趁热过滤。热过滤与趁热过滤有一定的区别，趁热过滤是指将温度较高的固液混合物直接使用常规过滤操作进行过滤；热过滤指使用区别于常规过滤的仪器，保持固液混合物温度在一定范围内的过滤过程。

过滤时可把玻璃漏斗放在铜质的热漏斗内，热漏斗夹层内装有热水，以维持溶液的温度。也可在过滤前把玻璃漏斗放在水溶上用蒸气加热，然后使用，此法较简便易行。另外，热过滤时，选用玻璃漏斗的颈部越短越好，以免过滤时溶液在漏斗颈内停留过久，因散热降温析出晶体而发生堵塞。

热过滤应注意加强个人安全防护，穿戴好个人防护用品，对潜在的危险应及早预防。热过滤不宜过滤胶状沉淀和颗粒太小的沉淀，因为胶状沉淀易穿透滤纸，而沉淀颗粒太小则易在滤纸上形成一层密实的沉淀，溶液不易透过。

三、过滤的影响因素

（一）温度

溶液过滤时，悬浮物温度低、黏度大，过滤速度慢。液体的黏度是温度的指数函数，它随着温度的升高而明显下降，升温是降低黏度最简单且有效的措施，但温度不宜过高。

（二）操作压强

一般情况下，溶液中含有的杂质多为不可压缩性杂质，操作压强增大，过滤速率也会随之增大，但如果悬浮的固体物质由胶体物质构成，那么随着压强的增加，滤饼内孔隙变小，过滤阻力逐渐增加，过滤速度也会迅速下降，因此压强的影响作用应视情况而定。

（三）溶液浓度

溶液的浓度越大，滤渣越多，过滤的速度就越慢，可通过稀释溶液来降低溶液浓度，以增加过滤速率。对于连续真空过滤机来说，浓度较大时生成的滤饼较多，及时清理可增加过滤速率。

（四）过滤介质

过滤介质的孔原要选择适当，太大会透过沉淀，太小则易被沉淀物堵住，使过滤难以进行。

综上所述，过滤需要考虑各方面的因素来选用不同的过滤方法，温度可以作为提高过滤速度的方法，但对于一些不能采用提高温度过滤的悬浮体系，则可以通过操作压强来提高过滤速度。

四、过滤的应用示例

下面以《水质 氨氮的测定 纳氏试剂分光光度法》（HJ 535—2009）为例进行示范讲解。

方法原理：水中以游离态的氨或铵离子等形式存在的氨氮与纳氏试剂反应生成淡红棕色络合物，该络合物的吸光度与氨氮含量成正比，在波长420 nm 处测量吸光度，根据吸光度计算样品中的氨氮浓度。若水样浑浊或有颜色，可用预蒸馏法或絮凝沉淀法处理，其中絮凝沉淀法会用到过滤操作。向 100 mL 样品中加入 1 mL 硫酸锌溶液和 0.1～0.2 mL 氢氧化钠溶液，调节pH 约为 10.5，混匀、放置，使之沉淀，倾取上清液分析。必要时，用水冲洗过的中速滤纸过滤，弃去初滤液 20 mL。

氨氮的水样预处理使用的过滤操作就是常压过滤。常压过滤可以有效地进行固液分离，从而达到氨氮絮凝沉淀后取上清液进行分析的目的。

第七节　离　心

一、离心基本原理

离心技术是根据一组物质的密度和在溶液中的沉降系数、浮力等的不同，用不同离心力使其从溶液中分离、浓缩和纯化的方法。主要是通过离心机的高速运转，使离心加速度超过重力加速度的成百上千倍，使沉降速度增加，以加速溶液中杂质沉淀并除去的一种方法。其原理是利用混合液密度差来分离料液，比较适合于分离含难以沉降过滤的细微粒或絮状物的悬浮液。

离心技术是利用物体高速旋转时产生的强大离心力，使置于旋转体中的悬浮颗粒发生沉降或漂浮，从而使某些颗粒达到浓缩或与其他颗粒分离的目的。离心机转子高速旋转时，如果悬浮颗粒密度大于周围介质密度，颗粒离开轴心方向移动，发生沉降；如果颗粒密度低于周围介质的密度，则颗粒朝向轴心方向移动而发生漂浮。离心技术是一项重要的纯化技术，广泛应用于生物学、医药、化学等领域。针对不同的样品，选择适当的离心纯化方法，如沉淀离心法、差速离心法、密度梯度离心法、分析超速离心及离心淘洗等。有时需要联合使用不同的方法，以达到进一步分析的目的。例如，可以通过差速离心进行初步纯化，随后使用密度梯度离心对样品进行进一步的纯化和浓缩，得到的高纯度样品可满足大部分仪器检测的需求。

二、离心的类型

（一）密度梯度离心法

所谓密度梯度离心法是将样品加在惰性梯度介质中进行离心沉降或沉降平衡，在一定的离心力下把颗粒分配到梯度中某些特定位置上，形成不同区带的分离方法。

（二）差速离心法

大多运用于分离细胞匀浆中的各种细胞器，主要工作原理是通过不相同的物质沉降速率产生差异，由于不同的离心速度会产生不同的离心力，因此必须选择出合适的离心时间进行分离和收集不同的颗粒。

（三）沉淀离心法

当分离悬浊液中的可溶部分和不溶性颗粒时，可使用离心机对样品进行简单、快速的离心分离，以代替耗时的过滤操作，此方法即为沉淀离心法。沉淀离心通常使用固定的转速（即离心力），离心一定时间以达到分离的目的。沉淀离心中离心机转速、转子半径及离心时间是决定分离效果的主要因素。离心沉淀样品所需时间取决于样品的沉降系数（S 值），沉降系数 S 的物理学意义是单位离心力作用下样品的沉降速度。故沉降系数 S 越大，颗粒沉降越快，所需时间就越短。沉淀离心法是从悬浊液或乳浊液中分离样品最常用的一种方法，主要用于去除溶液中悬浮的杂质，或通过离心沉淀收集悬浮于溶液中的颗粒物质。

三、离心技术的应用

离心技术广泛应用于生物学、医学、化工、环境保护等领域。利用离心机对样品进行分离、纯化和提取的技术称为离心分离技术。常用的离心技术包括沉淀离心、差速离心、密度梯度离心、分析超速离心、离心淘洗、连续流离心等。

环境保护领域常见的离心技术主要有以下几种。

（1）离心过滤。借助离心作用从浆料中排除液体，浆料被引入快速旋转的网篮中，固体留在多孔的网上，液体则受离心作用从滤饼中挤出，或利用旋转器中的离心力使轻重物质分开，重物质以稠泥浆的形式通过喷嘴流走。

（2）离心沉降。悬浮固体在离心力作用下移向或离开旋转中心，这样就可聚集在一个区域内而被移出，可以使颗粒的沉淀时间从几小时减至几分钟。常用设备为离心沉降器。

（3）离心捕集。用于从煤烟、空气流中分离出 0.1～1 000 μm 的小颗粒物质，是治理空气污染的有效手段之一。

四、离心的操作步骤

（一）仪器设备选择

离心机是实施离心技术的装置。离心机的种类很多，按照使用目的，可分为两类，即制备型离心机和分析型离心机。前者主要用于分离生物材料，每次分离样品的容量比较大；后者则主要用于研究纯品大分子物质，包括某些颗粒体（如核蛋白体等物质的性质），每次分析的样品容量很小，根据待测物质在离心场中的行为（可用离心机中的光学系统连续地监测），能推断其纯度、形状和分子量等性质。两类离心机由于用途不同，主要结构也有所差异。通常所使用的离心机根据转子转速大小的不同可分为普通离心机、高速离心机和超速离心机 3 类。化学分析实验室中主要使用普通离心机。

（二）离心样品的准备

根据标准要求，制备好需要离心分离的样品，装入离心管中，并且用天平平衡重量（重量平衡），盖上离心管盖子并旋紧。

（三）离心

把平衡好的离心管对称地放入离心陀中（位置平衡），盖上离心陀的盖子，注意有无旋紧。根据标准需求，设定合适的时间及转速开始离心。

（四）离心完成

完成离心时，要等待离心机自动停止，不允许用手或其他物件迫使离心机停转，待转头完全静止后，才能打开舱门，尽快取出离心管，先观察离心管是否完全，以及沉淀的位置，尽快把上清倒出，小心不要把沉淀弄混浊。

（五）操作注意事项

（1）离心机应始终处于水平位置，外接电源系统的电压要匹配并要求有良好的接地线。

（2）开机前应检查机腔有无异物掉入。

（3）样品应预先平衡，使用离心机微量离心时，离心套管与样品应同时平衡。

（4）挥发性或腐蚀性液体离心时，应使用带盖的离心管，并确保液体不外漏以免侵蚀机腔或造成事故。

（5）每次操作完毕，应做好使用情况记录，应定期对机器各项性能进行检修。

（6）离心过程中若发现异常现象，应立即关闭电源，报请有关技术人员检修。

（7）定期清洁机腔。

（8）使用离心机时遵守左右手分开原则，只以右手操作仪器。

（9）使用冷冻离心机时，除注意以上各项外，还应注意擦拭机腔的动作要轻柔，以免损坏机腔。

第八节　沉　淀

一、沉淀基本原理

沉淀是利用沉淀反应，将待测组分转化为难溶物，以沉淀形式从溶液中分离出来的现象。沉淀法是重量分析法中最常用的一种分析方法。当沉淀从溶液中析出时，溶液中的某些原本可溶的组分被沉淀剂沉淀下来，共同存在于沉淀物中的现象即为共沉淀现象。在沉淀分离、质量测定和材料制备中所得到的沉淀往往不是绝对纯净的，这对于分离和测定来说是不利的。但有时为了得到某些离子，可利用共沉淀进行分离富集，变不利为有利。共沉淀分离法就是加入某种离子同沉淀剂生成沉淀作为载体，将痕量组分定量沉淀下来，然后将沉淀分离，以达到分离和富集目的的一种分离方法。

二、沉淀剂的分类

向液相中加入某种试剂能产生沉淀，那么这种试剂就叫作沉淀剂。

（1）用作沉淀剂的无机盐类叫无机沉淀剂。在氢氧化物沉淀中，常用的沉淀剂有 NaOH、氨水等，它们控制 OH^- 浓度以控制氢氧化物沉淀，如 NaOH 可使两性物与非两性物分离，氨性缓冲溶液（pH：8～9）使高价金属离子（如 Fe、Al 等）与大多数一二价金属离子分离。

在硫化物沉淀分离中，沉淀剂是 H_2S、硫代乙酰胺等，控制溶液酸度就可控制不同硫化物沉淀。

（2）有机沉淀剂与金属离子通常形成螯合物沉淀或缔合物沉淀。生成螯合物的沉淀剂含有酸性基团，H^+ 可以被金属离子置换而形成盐，还含有 N、O 或 S 原子的碱性基团，这些原子具有未被共用的电子对，可以与金属离子形成配位键，结果生成杂环螯合物。

生成缔合物的沉淀剂在水溶液中能电离出大体积的离子，这种离子与被测离子结合成溶解度很小的缔合物而沉淀。

三、沉淀的应用示例

沉淀广泛应用于工业中水的处理和化学分析中，它是沉淀重量法和沉淀滴定法的基础。沉淀反应也是常用的分离方法，可分离待测组分，也可将其他共存的干扰组分沉淀除去。

（一）样品保存固定

下面以《水质 硫化物的测定 亚甲基蓝分光光度法》（GB/T 16489—1996）为例。

方法原理：由于硫离子很容易被氧化，硫化氢易从水样中逸出。因此采样时应防止曝气，并加适量的氢氧化钠溶液和乙酸锌-乙酸钠溶液，使水样呈碱性并形成硫化锌沉淀，硫化物含量较高时应酌情多加直至沉淀完全，从而达到现场固定的目的。

（二）沉淀分离重量法

下面以《土壤　水溶性和酸溶性硫酸盐的测定　重量法》（HJ 635—2012）为例进行介绍。

方法原理：用去离子水或稀盐酸提取土壤中的硫酸盐，提取液经慢速定量滤纸过滤后，加入氯化钡溶液，提取液中的硫酸根离子转化为硫酸钡沉淀。沉淀经过滤、烘干、恒重，根据硫酸钡沉淀的质量计算土壤中水溶性和酸溶性硫酸盐的含量。

利用沉淀反应将被测组分以难溶化合物的形式沉淀下来，然后将沉淀过滤、洗涤，并经烘干或灼烧后使之转化为一定的物质，最后称重计算出被测组分的含量。沉淀法是重量分析法中的主要方法，应用也最为广泛。

满足沉淀分离重量法的条件：沉淀的溶解度要小，以保证被测组分能沉淀完全。沉淀要纯净，不应带入沉淀剂和其他杂质。沉淀易于过滤和洗涤，以便于操作和提高沉淀的纯度。沉淀易于转化为称量形式。

第九节　酸化—吹气—吸收

一、酸化—吹气—吸收基本原理

酸化—吹气—吸收，即利用氮气不活泼的特性起到隔绝氧气的作用，如果加强它周围的空气流动，提高其温度，就可以有效达到防止氧化的目的。同时采用对底部进行加温，而顶部用氮气或空气进行吹扫的方法，通过氮气的快速流动可以打破液体上空的气液平衡，使液体挥发浓缩速度加快、迅速挥发。以装有吸收液的吸收瓶与吹出管进行连接，挥发出的气体直接进入吸收液中，通过测定吸收液中气体物质的含量测定样品中待测物质的含量[1]。

二、酸化—吹气—吸收的类型

在理化分析中，酸化—吹气—吸收的前处理方式普遍用于硫化物的测定。在智能仪器未开发之前，各实验室采用三通反应瓶、水浴锅、分液漏斗

---

[1] 喻林. 水质监测分析方法标准实务手册 [M]. 北京：中国环境科学出版社，2002.

自行搭建（图 3-9-1）。

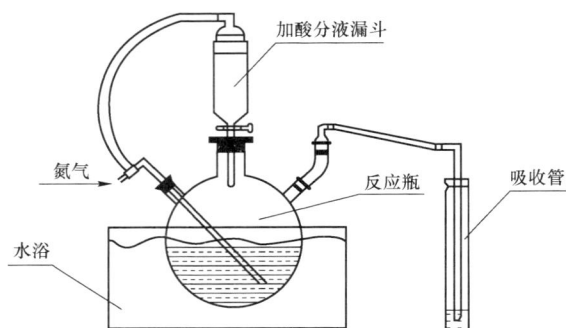

图 3-9-1　带水浴加热的酸化—吹气—吸收装置

由于自行搭建的装置会存在漏气、温度控制不均匀导致数据偏离的情况，因此智能酸化—吹气仪（图 3-9-2）开始被各实验室大量采用。

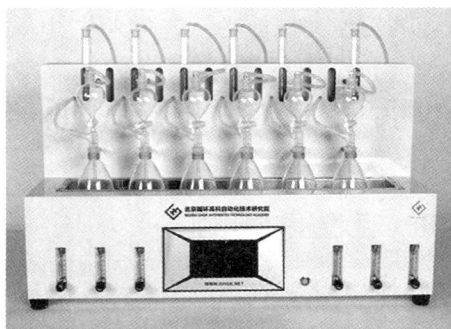

图 3-9-2　智能酸化—吹气仪

智能酸化—吹气仪有以下比较突出的特点。

（1）加热器使样品被快速加热至蒸发温度，同时气体经气针吹至溶液表面，促使溶液快速蒸发和样品浓缩。

（2）气针在气腔的位置可被改变，使之适用不同的试管。

（3）气腔高度可以调节，样品浓缩时随时可观察到被浓缩样品的液面位置。

（4）每条吹扫针均可独立控制，可以单独进行吹扫，单独进行流量调节，不浪费气体。

（5）在浓缩有毒溶剂时，整个系统可置于通风柜中。

（6）内置超温保护装置，自动故障检测及报警功能。

三、酸化—吹气—吸收的注意事项

（1）连通氮气吹气时，需要注意，吹气速度和吹气时间的改变均会影响测定结果。

（2）酸化—吹气—吸收完成后，必要时可通过标准溶液的加标回收实验进行检验。

（3）酸的影响。在酸化步骤，考虑到盐酸作为还原性酸，其氧化性物质含量较少不会对硫化氢的产生造成影响，因此最终选用盐酸作为酸化剂。

（4）加热温度的影响。有标准和文献提出不同的温度要求，在实验中，如果是做实际上土壤样品，其加标回收率会随温度升高而增加；若是样品复杂，当反应温度过低时硫离子很难在短时间内释放完全，会导致测定效率降低。水浴低于 40 ℃时，回收率仅在 60%左右。

（5）反应时间的影响。整个酸化—吹气—吸收的反应时间需要控制。时间过短反应不完全；时间过长，样品加标回收率无明显增高，反而增加反应时长的成本。

四、酸化—吹气—吸收的应用示例

下面以《土壤和沉积物　硫化物的测定　亚甲基蓝分光光度法》（HJ 833—2017）为例进行介绍。

方法原理：土壤和沉积物中的硫化物经酸化生成硫化氢气体后，通过加热吹气或蒸馏装置将硫化氢吹出，用氢氧化钠溶液吸收，生成的硫离子在高铁离子存在下的酸性溶液中与 N，N—二甲基对苯二胺反应生成亚甲基蓝，于 665 nm 波长处测量其吸光度，硫化物含量与吸光度值成正比。

操作步骤：称取 20 g 土壤样品，精确到 0.01 g，转移至 500 mL 反应瓶中，加入 100 mL 水，再加入 5.0 mL 抗氧化剂溶液，轻轻摇动。量取 10 mL 氢氧化钠溶液于 100 mL 比色管中作为吸收液，导气管下端插入吸收液液面下，以保证完全吸收。连接好酸化—吹气—吸收装置，将水浴温度升至 100 ℃后，开启氮气，调整氮气流量至 300 mL/min，通氮气 5 min，以除去反应体系中的氧气。关闭分液漏斗活塞，向分液漏斗中加入 20 mL 盐酸溶液，打开活塞将酸缓慢注入反应瓶中，将反应瓶放入水浴中，维持氮气流量不变。30 min 后，停止加热，调节氮气流量为 600 mL/min，吹气 5 min 后关闭氮气。用少量水冲洗导气管，并入吸收液中，待测。

第十节　加热蒸发

一、加热蒸发基本原理

加热蒸发是指通过依靠热源将热能传递给较冷物体而使物质变热，从而达到物质由液态转化为气态的相变过程。

二、加热蒸发的类型

影响加热蒸发速度的因素主要有温度、湿度、液体的表面积、液体表面上方的空气流动的速度等。

（1）温度。温度越高，蒸发越快。由于在任何温度下，分子都在不断地运动，液体中会有一些速度较快的分子能够飞出液面脱离束缚而成为汽分子，所以液体在任何温度下都能蒸发。液体的温度升高，分子的平均动能增大，速度增大，从液面飞出去的分子数量就会增多，所以液体的温度越高，蒸发得就越快。

（2）液体的表面积。如果液体表面面积增大，处于液体表面附近的分子数目增加，因而在相同的时间里，从液面飞出的分子数量就增多，所以液面面积越大，蒸发速度越快。

（3）液体表面上方空气流动的速度。当飞入空气里的汽分子和空气分子或其他汽分子发生碰撞时，有可能被碰回到液体中。如果液面上方空气流动速度快，通风好，分子重新返回液体的机会越小，蒸发就越快。

目前，普遍采用改变温度的方式来提高蒸发的速度，即加热蒸发。加热蒸发一般分为直接加热蒸发和间接加热蒸发两类。

（一）直接加热蒸发

直接加热蒸发指的是将热能直接作用于物料，如电流加热、烟道气加热等。但是直接加热容易使被加热物料受热不均匀或温度难以控制。

（二）间接加热蒸发

间接加热蒸发指的是将直接能源的热能加于某一中间载热体，由中间载体通过热传导或热辐射方式传递给物料，如蒸汽加热、热水加热、矿物油加热、沙浴加热等。若溶剂为有机溶剂，则不可用明火加热，要选用水浴、油浴或电加热器加热，并且应在通风橱中进行。

三、加热蒸发的应用示例

下面以《水质　总 α 放射性的测定　厚源法》（HJ 898—2017）为例进行介绍。

方法原理：将待测样品蒸发浓缩，转化成硫酸盐后蒸发至干，然后置于马弗炉内灼烧得到固体残渣。准确称取不少于"最小取样量"的残渣于测量盘内均匀铺平，置于低本底 α、β 测量仪上测量总 α 的计数率，以计算样品中总 α 的放射性活度浓度。

加热蒸发的具体步骤如下。

量取估算体积的待测样品于烧杯中，置于可调温电热板上缓慢加热，电热板温度控制在 80 ℃左右，使样品在微沸条件下蒸发浓缩。为防止样品在微沸过程中溅出，烧杯中样品体积不得超过烧杯容量的一半，若样品体积较大，可以分次陆续加入。全部样品浓缩至 50 mL 左右，放置冷却。将浓缩后的样品全部转移到蒸发皿中，用少量 80 ℃以上的热去离子水洗涤烧杯，防止盐类结晶附着在杯壁，然后将洗液一并倒入蒸发皿中。对于硬度很小（如以碳酸钙计的硬度小于 30 mg/L）的样品，应尽可能地量取实际可能采集到的最大样品体积来蒸发浓缩，如果确实无法获得实际需要的样品量，也可在样品中加入略大于 0.13 mg 的硫酸钙，然后经蒸发、浓缩、硫酸盐化、灼烧等过程后制成待测样品源。

硫酸盐化：沿器壁向蒸发皿中缓慢加入 1 mL 的硫酸，为防止溅出，把蒸发皿放在红外箱或红外灯或水浴锅上加热，直至硫酸冒烟，再把蒸发皿放到可调温电热板上（温度低于 350 ℃），继续加热至烟雾散尽。

灼烧：将装有残渣的蒸发皿放入马弗炉内，在 350 ℃下灼烧 1 h 后取出，放入干燥器内冷却，冷却后准确称量，根据和蒸发皿的差重求得灼烧后残渣的总质量。

第十一节　干　燥

一、干燥基本原理

干燥是指在化学工业中，借助热能使物料中的水分或溶剂汽化，并由惰性气体带走所产生的蒸气的过程。

二、干燥的类型

干燥可分为自然干燥和人工干燥两种。自然干燥实际上是一种最为简单易行的对流干燥方法。该方法通常是将准备好的物品放置在空气流通的场所，进行自然通风干燥。干燥时间的长短，以现场的温度、湿度和通风情况决定。该方法不需要额外准备设备，过程操作简便，成本低，且不易造成对样品的成分损失，缺点是干燥时间较长，不适用于对时效要求高的项目。人工干燥主要有鼓风干燥、真空干燥、冷冻干燥、微波干燥和红外线干燥等。人工干燥是指在干燥的过程中加入了人为的控制干预，主要是利用一定的干燥设备，按照人类的需求设置适宜的温度，对样品进行干燥。相比自然干燥，人工干燥的最大优点是不受气候的限制，干燥时间短，干燥效率显著提高，样品不受污染。随着时代的发展、科技的进步，近年来，人工干燥成为主流方式。

（一）鼓风干燥

鼓风干燥通过循环风机吹出热风，保证箱内温度平衡，是一种常用的仪器设备，主要用来干燥样品，也可以为实验分析提供所需的温度环境。常见的鼓风干燥设备主要有电热鼓风干燥箱。

电热鼓风干燥箱又名"烘箱"，普通干燥箱的最高使用温度一般在200 ℃；超高温干燥的最高使用温度一般为400～600 ℃，所以可以快速地将物料表面挥发出来的挥发性物质分子通过空气交换带走，从而达到快速干燥物料的目的。电热鼓风干燥箱的操作步骤如下。

（1）将需要干燥处理的样品放入电热鼓风干燥箱内，关好箱门。

（2）打开电源开关，此时显示屏上有数字显示，进行温度设定，当所需加热温度与设定温度相同时，不需要重新设定，反之则需要重新设定；设定结束后，各项数据长期保存，此时干燥箱进入升温状态，物品进入干燥过程。

（3）干燥结束后，如不马上取出物品，应先旋转风门，调节旋转，将风门关上，再将电源开关关掉。

（4）注意事项：电热鼓风干燥箱应放置在具有良好通风条件的室内，并安装在平稳水平处，且周围环境需要保持干燥，并做好防潮和防湿，防止箱体腐蚀；由于干燥箱未配备防爆装置，因此不得放入易燃易爆物进行干燥；

箱内物品不得放置过挤，必须留有空间，以利于热空气循环；在加热和恒温的过程中必须将鼓风机开启，否则影响工作室温度的均匀性，并且可能损坏加热元件；干燥箱底部（散热板）不可放置任何物品，以免影响热风循环；使用干燥箱时，必须知道干燥箱的量高承受温度，设定温度不能超过量高使用温度。

（二）真空干燥

真空干燥又名"解析干燥"，是一种将物料置于真空负压条件下，使水的沸点降低，水在一个大气压下的沸点是 100 ℃，在真空负压条件下可使水的沸点降到 80 ℃、60 ℃、40 ℃开始蒸发，并通过适当加热达到负压状态下的沸点，或者通过降温使物料凝固后通过熔点来干燥物料的干燥方式。常见的有真空干燥箱、连续真空干燥设备等。

（三）冷冻干燥

冷冻干燥是利用冰品升华的原理，在高度真空的环境下，已冻结物料的水分未经过冰的融化，直接从冰固体升华为蒸汽，升华生成的水蒸气借冷凝器除去。升华过程中所需的气化热量，一般由热辐射供给。冷冻干燥后的物料能保持原来的化学组成和物理性质，这种方式可以减少因为干燥过程带来的成分损失，但冷冻干燥机投入费用较高，目前并未广泛使用。

（四）微波干燥

微波干燥是一种利用电磁波作为加热源，被干燥物料本身为发热体的一种内部加热的方式。当湿物料处于振荡周期极短的微波高频电场内时，其内部的水分子会发生极化并沿着微波电场的方向整齐排列，而后随着高频交变电场方向的交互变化发生转动，并产生剧烈的碰撞和摩擦（每秒钟可达上亿次）。结果一部分微波转化为分子运动能，并以热量的形式表现出来，使水的温度升高而离开物料，从而使物料得到干燥。微波干燥具有干燥速率大、节能、生产效率高、干燥均匀，清洁生产、易实现自动化控制和提高产品质量等优点。微波设备操作简便、可连续作业、配套设施少、占地少，便于自动化生产和企业管理，已逐步应用于实验室分析。

（五）红外线干燥

红外线干燥又称"辐射干燥"，是一种利用红外线辐射使干燥物料中的水分气化的干燥方法。由于湿物料及水分等，在远红外区有很宽的吸收带，对此区域波长为 5.6～1 000 µm 的远红外线有很强的吸收作用，所以本方法具有干燥速度快、质量好和能量利用率高等优点，但红外线容易被水蒸气吸收而受到损失，常见的设备为红外线干燥箱。

三、干燥的应用示例

下面以《水质　全盐量的测定　重量法》（HJ/T 51—1999）为例进行介绍。

方法原理：全盐量是指可通过孔径 0.45 µm 的滤膜或滤器，并在（105±2）℃的条件下烘干至恒重的残渣重量。

其中经过过滤后的样品使其干燥的具体步骤如下。

将洗净的蒸发皿放于（105±2）℃烘箱中烘 2 h 取出，放干燥器内冷却后称量。反复烘干、冷却、称量，直至恒重（两次称量的重量差不超过 0.5 mg），放入干燥器中备用。将过滤后的水样弃去初滤液约 10～15 mL，再量取100.0 mL 滤液于干净并恒重过的瓷蒸发皿内，放于蒸气浴上蒸干（如全盐量浓度大于 2 000 mg/L，可适量减少取样体积，并用水稀释至 100.0 mL）。蒸干过程中，如发现蒸干后的残渣有颜色，待瓷蒸发皿稍冷后，滴加过氧化氢溶液（1＋1，V/V）数滴，慢慢旋转瓷蒸发皿至气泡消失，再置于蒸气浴上蒸干，反复处理数次，直至残渣变白或颜色稳定不变为止，再将蒸干的瓷蒸发皿放入（105±2）℃的电热鼓风干燥箱内，直至达到恒重。

第十二节　灼　烧

一、灼烧基本原理

在测定被污染的环境样品中的某些无机污染物时，无机元素会与有机质结合，形成难溶、难离解的化合物。使无机元素失去原有的特性，而不能被检测到。灼烧前处理可以将样品中的有机物脱水、炭化、分解后灼烧灰化以得到无机成分的残渣后进行检测。经灼烧处理后的样品通常为白色或浅灰色。

灼烧处理常常需要与干燥、加热蒸发等前处理搭配起来对样品进行前处理。

二、灼烧的主要设备及处理条件

在灼烧实验中常用的加热设备有电炉、电加热套、管式炉和马弗炉等。灼烧温度根据样品检测需求的不同而做不同的设定。灼烧的温度一般有350 ℃、600 ℃和800 ℃等。

三、灼烧前处理的注意事项

在使用灼烧法对样品进行前处理时需注意：使用马弗炉时需注意高温及接电安全，灼烧样品时不宜将样品放置过于拥挤，必须留出足够空间，以便于空气循环；待处理样品放入马弗炉中时，应加盖处理，避免高温灼烧时样品喷溅导致的损失；灼烧时一定要慢升温，以避免大量的二氧化碳骤然放出，使试样损失；灼烧后的样品能吸收空气中的水和二氧化碳，应注意干燥器及天平内的硅胶是否失效，如失效及时更换，并且称重应迅速。

四、灼烧的应用示例

下面以《固体废物　热灼减率的测定　重量法》（HJ 1024—2019）为例进行介绍。

方法原理：固体废物焚烧残余物样品经干燥至恒重后，于（600±25）℃灼烧3 h至恒重，根据干燥固体废物焚烧残余物样品灼烧前后的质量计算热灼减率，以质量分数表示。

仪器设备：电热干燥箱、马弗炉、分析天平、瓷坩埚、干燥器、坩埚钳。

操作步骤：称取不少于20 g的制备好的试样平铺于事先在（600±25）℃下灼烧至恒重的瓷坩埚中，半盖坩埚盖，将瓷坩埚置于电热干燥箱中，于（110±5）℃下干燥2 h，取出后移入干燥器冷却至室温，称重。重复上述步骤进行检查性烘干，每次加热30 min，直至恒重（恒重要求为连续两次称重之差不大于0.02 g），记录试样与坩埚的质量（精确至0.01 g）。

将装有试样的坩埚盖好后放入马弗炉中，温度升至（600±25）℃灼烧3 h，停止加热后，稍冷，用坩埚钳将坩埚取出置于干燥器中，冷却至室温，称重。重复上述步骤进行检查性灼烧，每次灼烧30 min，直至恒重（恒重要求为连续两次称重之差不大于 0.02 g），记录灼烧后试样和坩埚的质量（精确至 0.01 g）。

第十三节　浸　出

在对生活、生产和其他活动中产生的污染环境的固体物质进行浸出毒性鉴别时，常需要对固体污染物进行浸出前处理。浸出的原理是指用某种化学溶剂将固体废物中的被测可溶性组分溶解后，被测物质从固相进入液相的过程。浸出又可以称作浸取、溶出、湿法分解。浸出过程中用到的化学溶剂称作浸提剂，针对后续被测组分不同需选择不同的浸提剂。

根据浸提剂的不同可将浸出分为酸浸出、碱浸出、纯水浸出等。环境检测中常用到的浸提剂一般为酸浸出和纯水浸出。根据浸出过程的压力可将浸出分为常压浸出和加压浸出。根据浸出过程反应的特点可将浸出分为氧化浸出和还原浸出。根据浸出流程可将浸出分为间歇浸出、连续浸出和多段浸出。在环境检测中根据浸出方式的不同可将浸出分为水平振荡浸出和翻转振荡浸出。

采用浸出对固体样品进行前处理时，因所选用的浸提剂对被测组分有选择性，故可以很好地将被测组分从固相中分离出来。这种前处理方法适合处理基质较复杂的固体样品。但浸出前处理一般存在浸出温度难控制、浸出过程耗时长、所用浸提剂量大且一般具有腐蚀性等缺点。

在使用浸出方法对固体样品进行前处理时需注意：该前处理方法一般不适用于含有非水溶性液体的固体样品；浸出所得待测液需按后续分析项目要求进行保存；固体样品浸出过程中可能产生气体，如不及时释放浸出瓶中压力，可能造成浸出瓶爆炸；浸出结束后需对浸出液进行过滤，过滤前需用浸提剂提前淋洗过滤滤膜；浸出瓶的材质要求为不能与被测组分发生反应或吸附被测组分；由于固体样品基质一般较复杂，故在取样前应对样品进行均质化处理，以确保取样的均匀。

第十四节　超声提取

超声波是指频率高于可听声频率范围的声波，是一种频率超过 17 kHz 的声波。超声提取是应用超声技术提取被分析物质的化学成分的分离要求，由于具有提取温度低、提取率高、提取时间短的特点，其对天然产物和生物活性成分的提取尤具优势，已经广泛应用于环境、食品、中草药、农业、药物、工业原材料等样品中化学成分的提取。

一、超声提取的基本原理

超声提取是利用超声波具有的机械效应、空化效应和热效应，通过增大介质分子的运动速度、增大介质的穿透力以提取样品的化学成分。超声作用于液-液、液-因两相、多相表面体系以及膜界面体系会产生一系列的物理、化学作用，同时在微环境内会产生各种附加效应。

（一）机械效应

超声波在介质中的传播可以使介质质点在其传播间内发生振动，从而强化介质的扩散、传播，这就是超声波的机械效应。超声波在传播过程中会产生一种辐射压强，会对样品产生很强的破坏作用；同时，它还可以给予介质和悬浮体以不同的加速度，且介质分子的运动速度远大于悬浮体分子的运动速度，进而在两者间产生摩擦。

（二）空化效应

通常情况下，介质内部会溶有少量微气泡，这些气泡在超声波的作用下产生振动，当声压达到一定值时，气泡由于定向扩散作用增大，进而形成共振腔，这就是超声波的空化效应。超声波在液体介质中产生空化效应，不断产生无数内部压力达上千个大气压的微气穴，并不断"微爆"产生微观上的强冲击波，作用在固-液或液-液分子上，使介质中的空气被"轰击"逸出，并促使介质细胞破裂和变形，加速介质分子中的物质逸出。

波动（包括超源与波源的振动）在连续介质中传播时，在其波阵面上将引起介质质点的运动，波源在介质中达到的每一点都将引起相邻质点的聚动而成为新的波源。这种波源引起的波动将使其传播路径上的每一个质点都获得加速度和动能。介质质点在超声波作用下，将会以每秒数万次的高频振荡和每秒大于 100 m 的巨大速度和动能作用于溶液分子内，使溶液分子被迅速激活。

（三）热效应

超声波在介质中的传播过程是一个能量的传播和扩散过程，即超声波在介质的传播过程中，其声能不断被介质的质点吸收，介质将所吸收的能量全部或大部分转变成热能，从而使介质本身温度升高，加快样品中有效成分的溶解。由于这种内部温度的升高是瞬间的。因此，可以保证被提取成分的活性不变。

二、超声提取的优点

与常规的萃取技术相比，超声提取技术具有高效快速并且价廉的特点。与索氏提取相比，超声提取具有以下 4 点优势：成穴作用，可以增强反应系统的极性，提高萃取效率，可以达到或超过索氏提取的效率；允许添加共萃取剂，可以进一步增大溶剂的极性；适用范围广，适用不耐热的被测成分的萃取；具有较快的操作时间，通常仅需 24～40 min。

与超临界流体萃取（SFE）比较，超声提取具有的优势为：仪器设备简单，具有较低的成本；可用萃取剂较多，可提取多种不同极性的化合物。SFE主要以 CO_2 作为萃取剂，仅适合非极性物质的萃取。

与微波辅助萃取比较，超声提取具有的优势：特定情况下拥有比微波辅助更快的萃取速度；酸消解中，超声提取比常规微波辅助萃取更具安全性。超声提取的适应范围广，不会受到目标成分的极性、分子量大小的限制。另外，提取液杂质少，待测成分易于分离、纯化。

三、超声提取的应用示例

下面以《土壤和沉积物 挥发酚的测定 4-氨基安替比林分光光度法》（HJ 998—2018）为例进行介绍。

方法原理：用碱性溶液提取土壤和沉积物中的酚类化合物，提取液在酸性条件下蒸馏，馏出液中的挥发分在铁氰化钾催化剂存在的碱性溶液中与4-氨基安替比林反应生成橙红色的吲哚酚安替比林，于波长 510 mm 处测量吸光度，在一定范围内，挥发酚含量与吸光度值成正比。

具体操作步骤如下。

试样的提取：将采集后的 30 mL 样品瓶恢复至室温称重并记录（精确至0.1 g），样品瓶采样前后重量之差为样品的采集量（m）。将样品瓶内所有样品取出置于广口聚乙烯瓶中，并用 10 mL 氢氧化钠溶液清洗样品瓶，将清洗液倒入聚乙烯瓶中，再重复清洗两次，随后加入 260 mL 氢氧化钠溶液，拧紧螺旋盖，水平振荡 10 min。样品振荡或超声后，静置 5 min，取 250 mL 上清液移入 500 mL 全玻璃整流器中，待蒸馏。

第十五节　液-液萃取

液-液萃取是分离液体混合物的一种单元操作。利用原料中的组分在溶剂中溶解度的差异，选择一种溶剂作为萃取剂来溶解原料混合液中待分离的组分，其余组分则不溶或少溶于萃取剂中。这样，在萃取操作中原料混合物中待分离组分（溶质）从一相转移到另一相，因此使溶质被分离—传质的过程称为液-液萃取，也叫溶剂萃取。例如，在有些无机物的萃取过程中，会先加入显色剂生成带颜色的络合物，再加入萃取剂进行萃取。

液-液萃取操作可以连续化，速度较快，生产周期较短，并且对热敏物质的破坏较少，在采用多级萃取时，溶质浓细倍数大，纯化度高。

下面举两个例子。

其一，《水质　阴离子表面活性剂的测定　亚甲蓝分光光度法》（GB 7494—87）。

方法原理：阳离子染料亚甲蓝与阴离子表面活性剂作用，生成蓝色的盐类，统称亚甲蓝活性物质（MBAS）。该生成物可被氯仿萃取，其色度与浓度成正比，用分光光度计在波长 652 nm 处测量氯仿层的吸光度。

具体操作步骤：将所取试样移至分液漏斗，以酚酞为指示剂，逐滴加入 1 mol/L 氢氧化钠溶液至水溶液呈桃红色，再滴加 0.5 mol/L 硫酸到桃红色刚好消失；加入 25 mL 亚甲蓝溶液，均匀后再移入 10 mL 氯仿，激烈摇动 30 s，注意放气。过分的摇动会发生乳化，加入少量异丙醇可消除乳化现象。加相同体积的异丙醇至所有的标准中，再慢慢旋转分液漏斗，使滞留在内壁上的氯仿液珠降落，静置分层；将氯仿层放入预先盛有 50 mL 洗涤液的第二个分液漏斗，用数滴氯仿淋洗第一个分液漏斗的放液管，重复萃取 3 次，每次用 10 mL 氯仿。合并所有氯仿至第二个分液漏斗中，激烈摇动 30 s，静置分层。将氯仿层通过玻璃棉或脱脂棉，放入 50 mL 容量瓶中，再用氯仿萃取洗涤液两次（每次用量 5 mL），此氯仿层也并入容量瓶中，加氯仿到标线。

其二，《水质　石油类的测定　紫外分光光度法》（HJ 970—2018）。

方法原理：在 pH≤2 的条件下，样品中的油类物质被正己烷萃取，萃取液经无水硫酸钠脱水，再经硅酸镁吸附除去动植物油类等极性物质后，于 225 mm 波长处测定吸光度，石油类含量与吸光度值符合朗伯-比尔定律。

具体操作步骤如下。

苯取：将样品全部转移至 1 000 mL 分液漏斗中，量取 25.0 mL 正己烷洗涤采样瓶后，全部转移至分液漏斗中。充分摇动 2 min，其间经常开启旋塞排气，静置分层后，将下层水相全部转移至 100 mL 量筒中，测量样品体积并记录。若乳化程度较严重，可向除去水相后的萃取液中加入 1～4 滴无水乙醇破乳；若效果仍不理想，可将其转移至玻璃离心管中，2 000 r/min 离心 3 min。

脱水：将上层萃取液转移至已加入 3 g 无水硫酸钠的锥形瓶中，盖紧瓶塞，振摇数次，静置。若无水硫酸钠全部结块，需补加无水硫酸钠直至不再结块。

吸附：继续向萃取液中加入 3 g 硅酸镁，置于振荡器上，以 180～220 r/min 的速度探荡 20 min，静置沉淀。在玻璃漏斗底部垫上少量玻璃棉，过滤，待测。

第十六节　离子交换

一、离子交换基本原理

借助于固体离子交换剂中的离子与溶液中的离子进行交换，以达到提取或分离溶液中某些离子的目的。

二、离子交换剂的类别

离子交换剂分为无机质类离子交换剂和有机质类离子交换剂。

无机离子交换剂无机质类又可分为天然的，如海绿砂；人造的，如合成沸石。

有机离子交换剂主要是指以离子交换树脂为代表的一类高分子化合物，其中以离子交换树脂的研究最为成熟，其应用也最为广泛。离子交换树脂是一类带有功能基团的不溶性高分子化合物，其结构由高分子骨架、离子交换基团等部分组成。离子交换树脂可通过对被交换物质的离子吸附，达到物质的分离、置换、提纯、浓缩、富集等效果。

三、离子交换树脂的分类

离子交换树脂是具有网状结构的复杂的有机高分子聚合物，网状结构的骨架部分一般很稳定,不溶于酸、碱和一般溶剂。在网的各处都有许多可被交换的活性基团。

离子交换树脂主要按照骨架结构、孔结构及功能基团 3 种方式进行分类,具体分类如下。

(1)按骨架结构离子交换树脂可分为苯乙烯系、丙烯酸系、酚醛系和环氧系等。

(2)按孔结构离子交换树脂可分为大孔、凝胶和均孔三大系列。

(3)按功能基团离子交换树脂可分为强酸阳离子交换树脂(如磺酸基)、强碱阴离子交换树脂(季胺基团)、弱酸阳离子交换树脂(羧酸基、苯氧基)、弱碱阴离子交换树脂(伯、仲、叔氨基)、两性树脂、螯合树脂和氧化还原树脂等。

四、离子交换树脂的优缺点

优点:分离效率高;适用于带相反电荷的离子之间的分离,还可用于带相同电荷或性质相近的离子之间的分离;离子交换树脂最重要又可贵的性质,是离子交换反应的可逆性,树脂在应用失效后,可用酸、碱或其他再生剂进行再生,恢复其交换能力,使离子交换树脂能够长期反复地使用。

缺点:操作麻烦,周期长,一般只用它解决某些比较复杂的分离问题。

五、离子交换的应用

(一)分离富集

离子交换分离就是利用离子交换剂与溶液中的离子之间所发生的交换反应进行分离的方法,是一种固-液分离法。

无论是工农业生产用水、日常生活用水,还是科研实验用水,对水质都有一定的要求。在天然水或者自来水中含有各种各样的无机和有机杂质,常见的无机杂质有 Mg^{2+}、Ca^{2+}、Na^+、Cl^-离子及某些气体。常见的处理方法有蒸馏法、电渗析法和离子交换法。

离子交换树脂富集技术也普遍应用在痕量离子分析中。

离子交换富集是一种从大量母体物质中收集欲测定的痕量元素至一较小体积,从而提高其含量至测定下限的操作方式。采用离子交换技术可将痕量元素从较大体积的溶液中交换到离子交换小柱上,再用少量淋洗液洗脱,这种方法可以有效地富集痕量元素。

（二）洗脱再生

离子交换完毕后，用洗涤液流经交换柱，除去残留在交换柱中的试液和被交换下来的各种离子。树脂柱经洗涤后，先用适当的洗脱剂将吸附在柱上的离子洗脱下来。然后把树脂柱加入洗脱剂，洗脱下来的离子流经树脂柱下端未被交换的区域时又发生交换。开始时，流出液中被交换的离子浓度为零，随着洗脱剂的加入，被交换的离子浓度越来越大，直至使流出液中被交换的离子浓度达到最大（这一过程也可作为再生过程，洗脱完毕，树脂恢复到交换前的状态，用蒸馏水洗涤即可）。将离子从树脂上洗脱下来后，树脂柱需要用酸或碱进行再生，恢复到交换前的状态。

第四章　环境中有机污染物的前处理技术

本章主要对环境中有机污染物的前处理技术进行介绍，包括液-液萃取、固相萃取、固相微萃取、顶空技术、超声萃取、振荡提取、索氏提取、加速溶剂萃取、微波辅助萃取、热解吸技术、超临界流体萃取。

第一节　液-液萃取

一、液-液萃取的原理

液-液萃取（Liquid Liquid Extraction，LLE）也称为溶剂萃取，它的原理是利用待测组分在两种不相容的溶剂中分配系数不同，从一种溶液中转移到另一种溶液中，从而达到分离和提纯的目的。液-液萃取包括分次萃取和连续萃取。分次萃取可一次或多次萃取样品中待测组分，通常情况下，多次萃取较一次萃取具有更高的萃取效率。分次萃取使用的萃取器皿为分液漏斗，它的选择需根据样品体积来确定，通常选择容积较液体样品体积大 1 倍以上的分液漏斗。连续萃取是使较少的溶剂反复循环地通过含有待测物的水相，常用仪器为索氏提取器，与分次萃取相比它可以减少人工操作、节省溶剂且具有更高的萃取效率。

二、影响因素

（一）溶剂的影响

萃取溶剂对萃取效果有很大影响，选择合适的萃取溶剂的主要依据是待测物的性质。其中，相似相容是萃取剂的根本原则，除此之外，溶剂的选择要满足以下 4 点。

1. 分配系数

待测物在萃取剂和原溶液体系之间的分配系数是选择萃取剂应首先考虑的问题。一般原则是选择能完全溶解待测组分的所有溶剂中极性最弱的一种。通过在非极性溶剂中加入一定比例的如醇类等极性溶剂，可调节溶剂的极性。

2. 表面张力

萃取体系表面张力较大时，有利于两相分离，但表面张力过大时，液体不易分离，致使两相难以充分混合。而当表面张力过小时，容易产生乳化现象致使两相难以分离。因此，应综合考虑表面张力对两相混合与分层的影响，一般不宜选择表面张力过小的萃取剂。

3. 沸点低

为方便萃取后蒸发溶剂、浓缩试样，应该选用沸点低的溶剂。

4. 黏度低

选用黏度低的溶剂，有利于溶剂与样品的混合与分层，能够提高萃取效率。

常用的有机溶剂有二氯甲烷、丙酮、正己烷、苯、环己烷、三氯甲烷、环己烷、乙醚和有机混合溶剂等。其中二氯甲烷沸点低、易提纯，浓缩时可减少挥发组分的损失，在化学性质方面比较稳定，适于萃取多种极性和非极性的化合物。正己烷、苯、环己烷相对密度小，易与水交换，回收率高，但不易于有效地萃取各种极性化合物。乙醚易挥发、易燃、易被氧化成过氧化物，在质谱鉴定中会带来干扰。

（二）乳化对萃取的影响

液-液萃取中非常重要的步骤在于剧烈地振动样品，以增加两相的接触概率，但也是由于急速地振动，液-液萃取中乳化现象屡见不鲜。当密度相似的溶剂相混合或溶液的碱性很强时，如水样中含有脂肪和表面活性剂，则样品很容易发生乳化。样品乳化会使待测组分被包藏在乳化层而损失掉，因此一旦样品在萃取时形成乳化层，就需要增加破乳化环节。破乳化的方法有很多，如采取加盐、加热、离心和改变两相体积比等方法。破乳化的方法可根据样品乳化程度来进行选择，对于轻度乳化水样，可采取将剧烈振摇改变为缓慢振摇。对于乳化程度在 50%的情况，可向水样中加盐。一般情况下。

破乳率与加入电解质的量成正比，或提高两相体积比，一般保持两相体积比为 1:(5～10)时，可有效地防止乳化。对于全乳化或乳化程度较高的样品，可采用离心法进行破乳，破乳率随离心转数的增加而增大，也随作用时间的延长而增大。

（三）其他因素对萃取的影响

除萃取溶剂和乳化对液-液萃取有影响外，衍生化反应、离子对试剂以及萃取次数等因素对液-液萃取同样有影响。

衍生化方法可将不溶于有机溶剂的化合物在样品基质内将其转化为能溶于有机溶剂的衍生物，然后再进行萃取。

离子对萃取技术使强极性化合物的离子与具有相反电荷的样品离子形成离子对，这种离子对很容易被弱极性的有机溶剂萃取。许多碱性很强的胺类及季铵盐类样品往往可与相对分子质量较大的阴离子形成离子对后进行离子对萃取。选择离子对试剂时，应当注意的是，待测离子形式存在的 pH 值范围与反离子存在的 pH 值范围应有重叠，还要同时兼顾萃取效率和选择性。

由分配定律可知，当萃取剂用量一定时，萃取次数越多，则溶液中待萃取物质的含量越低，即萃取效率越高。虽然多次萃取好处颇多，但是过多的反复萃取耗时费力，且容易造成样品污染，因此在保证每次测得的回收率重现性较好的情况下，可采取单次萃取，一般萃取 3～4 次即可。

三、液-液萃取的应用

由于液-液萃取所需萃取器皿廉价易得，且无须其他特别的仪器设备，已被广泛地应用到各行业领域中。在国际、国内环境保护标准中，仍有很多方法采用液-液萃取，如表 4-1-1 所示。但液-液萃取技术不仅存在耗时长、操作烦琐、溶剂用量大等问题，还存在着对操作人员造成身体伤害、对环境有二次污染等问题。

表 4-1-1　液-液萃取在标准方法中的应用

待测组分	萃取溶剂	分析方法	标准号
半挥发性有机物	二氯甲烷	气相色谱-质谱法	EPA 8270
氯苯	二硫化碳	气相色谱法	HJ/T 74—2001

续表

待测组分	萃取溶剂	分析方法	标准号
邻苯二甲酸酯类	正己烷	液相色谱法	HJ/T 74—2001
有机磷农药	三氯甲烷	气相色谱法	GB/T 13192—1991
阿特拉津	二氯甲烷	液相色谱法	HJ 587—2010
多环芳烃	正己烷或二氯甲烷	液相色谱法	HJ 478—2009

第二节　固相萃取

一、固相萃取的原理

固相萃取（Solid Phase Extraction，SPE）是一种由液固萃取和柱液相色谱技术相结合发展而来的液固分离萃取技术，其基本原理和液相色谱相同，但目的则完全不同。液相色谱是要在短时间内将各化合物分离并保持好的峰形，而 SPE 是要从复杂的基液中将目标物与其他化合物分离并将其浓缩，以便进行进一步的分析。传统的 SPE 柱填料的颗粒往往比液相色谱柱填料的颗粒要大很多（一般在 40 A，其中 1 A 为 10^{-10} m），而且为增加接触样品的表面积，填料都是形状不规则的颗粒。因此，该技术是通过颗粒细小的多孔固相吸附剂选择性地吸附溶液中的被测物质，然后再用体积较小的另一种溶液洗脱或用热解吸的方法将被定量吸附的被测物进行脱附，从而同时达到分离富集待测物的目的。目前，用得最广泛的固相萃取剂是键合硅胶柱，其次是聚合树脂柱。

二、影响因素

（一）吸附剂类型和用量的影响

选择适当的固相萃取吸附剂，对于化合物的分离是非常重要的。固相萃取吸附剂必须能够快速且可重复吸附目标物，并能够对目标化合物进行定量。优质的 SPE 吸附剂需要满足两个主要要求。

（1）目标物必须能够高效、可重复地被固体吸附剂所吸收。

（2）目标物必须能够很容易地从吸附剂上完全洗脱下来。

吸附剂主要是根据待测物的性质和样品的基质来进行选择的。当吸附剂和待测物有非常相似的极性时，即可得到待测物的最佳吸附，两者极性越相似，吸附也就越好。

萃取样品的质量不应超过管中吸附剂质量的 5%，即若用 100 mg/mL 的固相萃取管，目标物不得超过 5 mg。在离子交换过程中必须考虑离子交换容量。

（二）洗脱剂类型和性质

正相萃取中，一般采用单一或混合有机溶剂（调节极性）清洗非极性或略带极性的组分。可用具有一定极性的溶剂，如丙酮、甲醇、乙醇洗脱。而在反相萃取中，多用数毫升到十几毫升水或含有低浓度有机溶剂的水溶液清洗弱保留的亲水性组分，如无机盐、糖类、氨基酸、亲水的蛋白质及极性有机物、低肽等中等物质。多用有机溶剂如甲醇、乙腈洗脱，有些碱性物质的洗脱则需要加入少量有机胺，如三乙胺、醋酸铵等。

如图 4-2-1 所示，在正相溶液洗脱中，水被认为是一种弱溶剂，而正己烷则是反相吸附剂中的强溶剂。

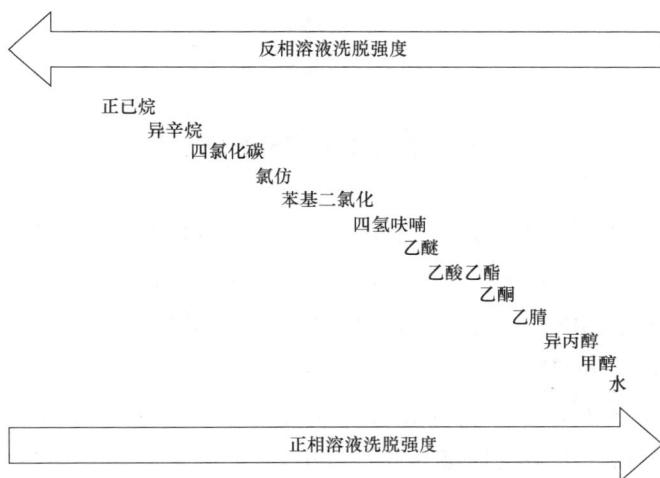

图 4-2-1　洗脱剂强度

除了吸附剂类型和用量、洗脱剂类型和性质外，样品溶液的体积、上样流速、不同样品基质、pH 等因素同样对固相萃取的效率有影响。

三、固相萃取的应用

固相萃取与液-液萃取相比，具有诸多优点，如花费时间短、样品量小、不需要萃取溶剂、无乳化问题、适于分析挥发性与非挥发性物质、重现性好等。而其最大技术优势则是处理浓度很低的试样。固相萃取已广泛应用于环境化学、食品、医药卫生、临床化学、法医学等各领域，为各领域的工作者从组成复杂的样品中分离、富集目标物提供了一种较为理想的前处理技术，以此代替传统的提取、净化和浓缩方法。如表 4-2-1 所示，列出了 SPE 在不同领域中的部分应用。

表 4-2-1　SPE 在不同领域中的部分应用

目标物	式样	SPE 填料
氯氰菊酯	土壤	硅胶吸附剂
多环芳烃	水	C18
甲磺隆	空气	佛罗里达硅土
有机磷农药	饮用水	HLB
三环抗抑郁药	血浆	C18
有机氯农药、多氯联苯等农药	植物或食品	石墨炭黑火石墨化非多孔碳

第三节　固相微萃取

固相微萃取（solid-phase micro extraction，SPME）是兴起于 20 世纪 90 年代的一种集萃取、浓缩、解吸、进样于一体的样品前处理技术。它以 SPE 为基础，保留了 SPE 的全部优点，也对 SPE 柱填充物和需使用有机溶剂解吸进行了改善。SPME 是通过涂渍在石英玻璃纤维上的高分子涂层或吸附剂固定相作为吸附介质，对目标物进行萃取和浓缩的，并在气相色谱仪进样口中进行分析，属于非溶剂性选择性萃取法。

一、固相微萃取的原理

SPME 技术的原理即"相似相溶"，通过选用具有不同涂层材料的纤维萃取头，结合被测物质的沸点、极性和非配系数，使分析在涂层和样品基质中达到分配平衡来实现采样、萃取和浓缩的目的。SPME 方法包括吸附和解吸两过程。吸附主要是物理吸附过程，待测物可在样品及纤维萃取头外涂渍的固定相中快速达到分配平衡，涂层上吸附的待测物的量与样品中待测物浓度呈线性相关；解吸过程则需根据 SPME 后续分离检测手段而定，对于气相色谱，萃取纤维插入进样口后进行热解吸，而对于高效液相色谱，则是通过溶剂进行洗脱。萃取过程受涂渍纤维的种类和厚度、萃取时间、萃取温度、脱附时间、脱附温度以及基质 pH 值等因素影响。

二、SPME 装置及萃取步骤

（一）SPME 装置

早在 1993 年，美国的默克（Supelco）公司已实现了 SPME 的商品化，其装置类似于一支气相色谱的微量进样器。萃取头是被不锈钢管包裹的涂上了固相微萃取涂层的石英纤维，不锈钢管外套是保护石英纤维不被折断，纤维头可在钢管内自由伸缩。在不断搅拌溶液的前提下，将纤维头浸入样品溶液中或顶空气体中一定时间，待平衡后，将纤维头取出插入气相色谱汽化室，热解吸涂层上吸附的物质。被萃取物质在汽化室内解吸后，流动相将其带入色谱柱，完成提取、分离、浓缩的全过程。

SPME 装置的外形像是经过改装的微量进样器，由萃取头和手柄两部分组成。传统的萃取头有两种：一种是由一根熔融的石英细丝表面涂渍某种色谱固定相或吸附剂做成的；另一种萃取头则是内部涂有固定相的细管或毛细管，成为管内 SPME。萃取头长约 1 cm，接不锈钢丝，收纳于萃取头鞘以防止损坏。手柄用于固定纤维头，可连接不同的萃取头。萃取装置如图 4-3-1 所示。

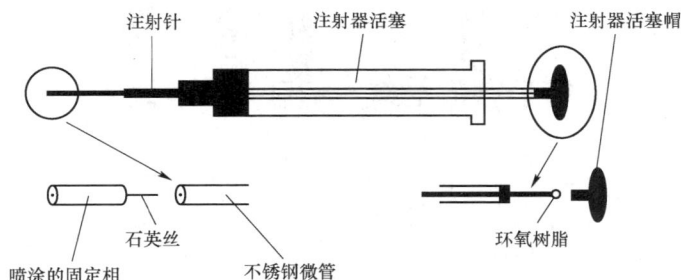

图 4-3-1　SPME 装置

（二）萃取步骤

1. 萃取过程

将萃取器针头插入样品瓶内，压下注射器活塞，使具有吸附涂料的萃取纤维暴露在样品中进行萃取，待一段时间两相达到平衡后，拉起活塞，使萃取纤维缩回到不锈钢细管内，然后拔出针头完成萃取过程。

2. 解吸过程

在气相色谱分析中采用热解吸法来解决萃取物，将已完成萃取过程的萃取器针头插入气相色谱进样装置的汽化室内，压下活塞，使萃取纤维暴露在高温载气中，并使萃取物不断地被解吸下来，进入后续的气相色谱分析。

三、萃取方法

SPME 萃取方法主要有直接法和顶空法两种。直接法，即将萃取纤维直接插入样品溶液或暴露于气体中，此法适用于气态样品和较洁净基质的液体样品。对于挥发性（如苯系物）和半挥发性样品来说，典型的 SPME 萃取方法是顶空萃取，即把 SPME 纤维头置于待测物样品的上部空间进行萃取的方法，如图 4-3-2 所示。

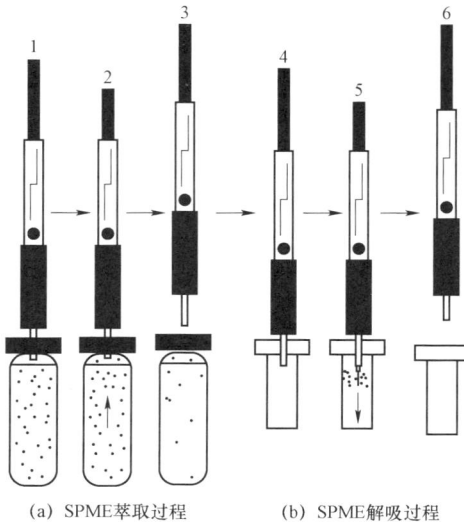

(a) SPME萃取过程　　　　　(b) SPME解吸过程

图 4-3-2　SPME 步骤

1—刺穿样品瓶；2—暴露出纤维、萃取；3—缩回纤维，拔出萃取器；4—插入气相色谱汽化室；
5—暴露出纤维，热解吸；6—缩回纤维，拔出萃取器

除此之外，萃取方法还有膜方法、衍生化方法等。膜方法即将石英纤维放在经过微波萃取及膜处理过的样品中，主要用于难挥发性复杂样品的萃取。衍生化方法可以在样品中完成，也可以在萃取头的涂层处进行。

四、固相微萃取的应用

SPME 完成从萃取到分析的整个过程一般只需十几分钟，这个过程无溶剂，减轻了对环境的污染，提高了气相色谱的柱效。固相微萃取装置携带方便、操作简单、样品用量少，可以简化样品的预处理过程，非常适合于现场采样。

（一）SPME-GC（固相微萃取相色谱法）联用

SPME 主要与 GC 和 LC 液相色谱联用，其与 GC 和 LC 的联用技术已经很成熟。前面也对 SPME-GC 联用进行了简单的介绍，即搅拌样品条件下，将萃取纤维头浸于样品溶液或顶空气体中一定时间，待平衡后将纤维头取出插入气相色谱汽化室，热解吸涂层上吸附的物质。若样品较脏，需要将纤维头在蒸馏水中快速清洗一下，以便除去盐、糖、纤维、水溶性蛋白和其他脏物，再将纤维头插入 GC 汽化室。

汽化室顶部温度要低于中部和下部，若纤维头伸入汽化室内的时间太短则解吸不完全，因此，纤维头在汽化室中的位置对分析结果有很大影响，需要准确把握。但解吸温度又不能太高，以防止被分析物高温分解和 SPME 涂层流失，解吸温度稍高于最高沸点化合物的沸点即可。

（二）SPME-HPLC（高效液相色谱联用装置）联用

SPME-GC 联用技术对于热不稳定化合物及表面活性剂、药物、蛋白质等半挥发和不挥发组分的分析并不适用，而 SPME-HPLC 联用则可以扩大SPME 的应用范围，解决其局限性。SPME-HPLC 联用时采用溶剂解吸，分为静态解吸和动态解吸。顾名思义，静态解吸是通过将萃取柱浸入溶剂数分钟来解吸样品；动态解吸是将溶剂数次以一定流速流过萃取柱来解吸样品。常见的用作解吸的溶剂有乙腈、甲醇、四氢呋喃、丙醇、丁醇、二乙醚、环己烷及己烷等。除了要选择合适的溶剂，溶剂的用量及流速也是溶剂解吸需要进行考察的影响因素。溶剂用量不足时，解吸效率低；同时选择合适的解吸流速，可以改善峰扩宽及拖尾现象。然而溶剂解吸的样品遗留问题，虽可以通过加热促进解吸，减少样品遗留，但最终还是要受化合物的热稳定性限制。

（三）其他联用技术

1. In-tube-SPME-GC

由于 In-tube-SPME（管内固相微萃取）技术中毛细管柱方便易得，并且内径小、涂层薄，与传统的 SPME 外涂萃取针相比样品扩散快，平衡时间短，因此人们考虑将其用于气相色谱中。一种方式是溶剂解吸：用氮气以极缓慢的流速将水样吹入毛细管萃取柱中，再将水吹出萃取柱，然后将适当溶剂注入萃取柱中解吸，收集解吸溶液并将其注入气相色谱仪中进行分析。另一种方式是热解吸：用注射器将样品溶液注入毛细管柱，萃取平衡后将水吹出，再用石英压封接头将分析柱和萃取柱连接，放入气相色谱仪炉箱中进行热解吸。此方法不适用于日常分析。

2. SPME-MAE（微波辅助萃取）-GC

固体样品中的难挥发物不适于采用顶空法检测。若将固体用溶剂溶解，溶剂又会与 SPME 涂层竞争对分析物的分配，并有可能使涂层饱和，从而使萃取效率降低。不过，将微波辅助萃取与 SPME 相结合就可解决这一问题。原理是加入到固体样品中的水吸收微波能，通过加温加压，使目标物从固体中溢出，最后用 SPME 进一步富集。

3. SPME-电解分析

工作电极采用以石墨为涂层的萃取针，参比电极采用 Ag/AgCl。将两电极浸入到加有缓冲液的样品溶液中，待测的二胺在电极上发生氧化还原反应，二胺则转化为碱形式保留在涂层上，再将其插入气相色谱汽化室进行热解吸。

除此之外，SPME 还可以与红外光谱、毛细管电泳、ICP-MS 等联用，在此不过多介绍。

第四节　顶空技术

顶空分析法是指对液体或固体中挥发性成分的蒸气相进行分析的一种前处理技术。它是在热力平衡的蒸气相与被分析样品共存于同一密闭系统时进行的。顶空分析法分为静态顶空法和动态顶空法，其中动态顶空法又称吹扫捕集法。

　　静态顶空法是在一定的温度条件下，样品中挥发性物质在气-液（或气-固）两相间分配，在已达到平衡的密闭容器中液体或固体分析物的顶部空间取气态（或蒸气）样品，并与气相色谱结合，对气态（或蒸气）样品进行分析的一种比较特殊的分析技术。动态顶空法是一种连续的顶空技术，该方法是利用流动的气体把样品中挥发性成分吹扫出来，再通过固体吸附柱或冷冻捕集等方法将检测组分进行分离富集，然后用反吹法把吸附的化合物吹脱出来直接进入色谱仪进行分析。顶空气态采样的主要优点是避免了在直接的液体或固体采样时使复杂的样品基体成分一起被带入分析仪器系统的可能性，从而消除了由基体成分的带入而对样品中可挥发性成分的分析所造成的影响和干扰。

　　顶空技术与液-液萃取和固相萃取法相比，避免了溶剂浓缩时发生的挥发性物质损失，同时又降低了共提取物的干扰，减少了进样系统维护的时间和费用。此外，由于顶空技术不使用有机溶剂，也就减少了对环境的污染和对分析人员的危害，而且也无溶剂峰干扰。

一、静态顶空色谱技术

（一）静态顶空技术的理论

　　把浓度为 C_L^0 的液体样品加入体积为 V 的小玻璃瓶内，加以密封。而且在足够长的时间内把温度稳定于一定值。液体样品中的待测组分（在此假设只有一种成分）在顶空相（体积为 V）和液相（体积为 V）之间进行成分分配，如图 4-4-1 所示。

　　设气相、液相的浓度分别为 C_g、C_L，众所周知，用分配系数 K，可以写成如下形式：$K = \dfrac{C_L}{C_g}$。

　　β、C_g 简单表示如下。

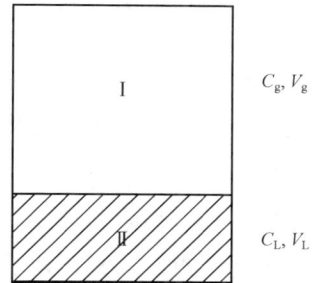

	C_g, V_g
I	
II	C_L, V_L

分配系数　　$K = \dfrac{C_L}{C_g}$

相比　　　　$\beta = \dfrac{V_g}{V_L}$

图 4-4-1　成分分配

$$\beta = \frac{V_g}{V_L}$$

$$C_g = \frac{C_L^0}{K + \beta}$$

在平衡状态下，气相的组成与样品原来的组成成正比关系。当用 GC 分析得到 C_g 后，就可以算出原来样品的量，这就是静态顶空气相色谱的理论。

（二）静态顶空技术的仪器装置

1. 手动进样装置

静态顶空技术的手动进样装置较为简易，只需一个能够精确控温的恒温水浴或油浴槽。将装有样品的密闭容器置于恒温槽中，当在一定的温度下达到分配平衡后，就可用专用气密注射器从容器中抽取顶空气体样品，再注射入 GC 进行分析。但这种手动进样方式具有压力难以控制和进样时需控制温度两个缺点。压力的控制性差，会导致进样量的准确度较差。样品从顶空容器进入到注射器的过程中，任何压力变化的不重现都会导致实际进样量的变化。有人采用带压力锁定的气密注射器较好地克服了这个问题。而当环境温度较低时，注射器的温度也会相应降低，此时某些沸点较高的样品组分很容易冷凝，造成样品损失。有些标准方法，如美国 ASTM 方法，为避免样品的部分冷凝，要求注射器在采样前置于 90 ℃的恒温炉中加热。然而，在采样和进样过程中还是很难保证注射器温度的一致性，故分析重现性往往不及自动进样。

有一种方法可以在一定程度上克服温度不恒定的问题，即将六通阀和注射器相结合：样品的温度由阀体温度控制，注射器只起泵的作用，将样品抽入进样阀的定量管，如图 4-4-2 所示，这样就消除了注射器温度的影响。

尽管对于手动进样的缺点有相应的解决办法，但是与自动进样相比，手动进样的静态顶空 GC 分析在样品温度、平衡时间和采样速度方面的控制精度还是相差很多。因此，如果实验结果需要非常精准，那么尽量选择自动顶空进样装置；而只需定性分析时，手动进样不失为一种经济的方法。

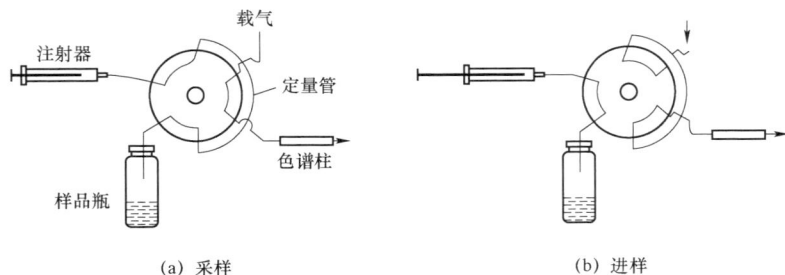

（a）采样　　　　　　　　　　　（b）进样

图 4-4-2　气体进样阀与注射器相结合进行顶空进样

2. 自动进样装置

静态顶空技术是顶空技术发展中出现最早的技术，它在仪器模式上可分为 3 类，即顶空气体直接进样模式、平衡加压采样模式和加压定容采样进样模式。

（1）顶空气体直接进样模式。

顶空气体直接进样模式配有气密性的气体采样针，一般在气体采样针的外部会套有温度控制装置。这种进样模式，往往是采用自动进样原理且对普通自动进样器改进的结果，其流程图如图 4-4-3 所示。此类顶空进样装置的主要问题是不能控制样品的压力，故应用较少。

图 4-4-3　顶空气体直接进样模式的工作流程

（2）平衡加压采样模式。

平衡加压采样模式由压力控制阀和气体进样针组成，采样针头位于加热套中 [图 4-4-4（a）]。载气大部分进入 GC，只有小部分通过加热套，以避免其被污染。采样针头用"O"形环密封。待样品中挥发物质达到分配平衡后，采样针头穿过密封垫插入样品瓶，载气此时分为 3 路 [图 4-4-4（b）]：一路为低流速，由出口针型阀控制，继续吹扫加热套，另外两路分别进入 GC 和样品瓶。此时对顶空瓶内施加一定气压，直到样品瓶的压力与 GC 柱前压相等为止，即压力平衡。然后关闭载气阀 [图 4-4-4（c）]，切断载气流。由于样品瓶中的压力与柱前压相等，故此时样品瓶中的气体将自动膨胀，载气与样品气体的混合气通过加热的输送管进入 GC 柱。由于这种采样模式靠时间程序来控制分析过程，因此很难计算出具体进样量。但平衡加压采样模式的系统体积小，具有很好的重现性。

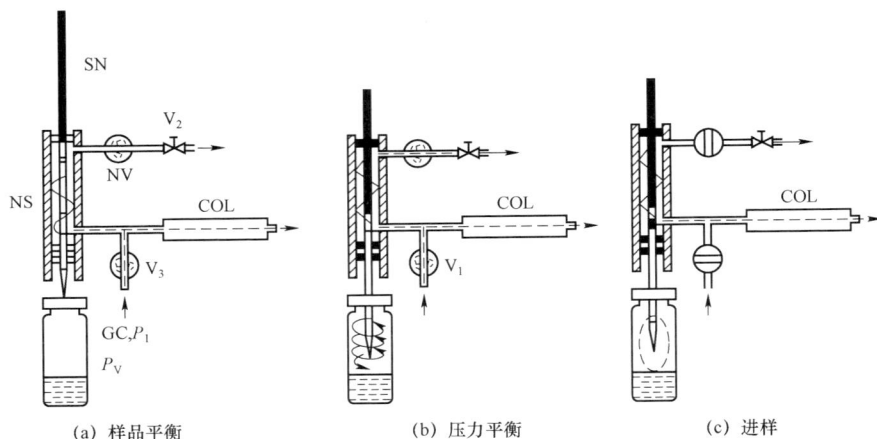

图 4-4-4　压力平衡顶空进样系统

GC—载气；V_1、V_2、V_3—电磁开关阀；SN—可移动进样针；NS—针管；NV—针型阀；COL—色谱柱；
P_1—柱前压；P_V—样品瓶中原来的顶空压力

然而，实际工作中情况比较复杂，有时并不能满足上述压力要求，如顶空气体压力随样品平衡温度增高，若采用大口径的短毛细管柱进行分析，柱前压往往低于样品瓶中的顶空气体压力。为防止 GC 载气切断前样品进入色谱柱，需采用另一路载气对样品瓶加压，这一方法叫作加压采样。

（3）加压定容采样进样模式。

加压定容采样进样系统由气体定量环、压力控制阀和气体传输管路组成，该系统的分析过程可分为 4 步。

第一步，平衡。将一定量的样品加入顶空样品瓶中，加盖密封后放于顶空进样器的恒温槽中，在设定的温度和时间条件下进行平衡。此时，载气旁路直接进入 GC 进样口，同时用低流速载气吹扫定量管，而后放空，以避免定量管被污染。先进的自动顶空进样器具有样品搅拌功能，以加速其平衡。

第二步，加压。平衡后，将采样探头插入样品瓶的顶空部分，V_4 切换，使通过定量管的载气进入样品瓶进行加压。加压时间和压力大小由进样器自动控制。此时，大部分载气仍直接进入气相色谱仪。

第三步，采样。同时切换 V_1 和 V_2，靠着对顶空瓶内施加的气压将顶空气压入定量管中。样品气体应充满定量管，所以采样时间要足够长，但为避免损失样品，采样时间也不能太长。应根据样品瓶中压力的高低和定量管的大小决定采样时间的长短。它由进样器自动控制，一般不超过 10 s。

第四步，进样。同时切换 V_1、V_2、V_3 和 V_4，使所有载气都通过定量管，将样品带入气相色谱仪进行分析。

这样就完成了一次完整的顶空气相色谱分析。此过程结束后，采样探头移动到下一个样品瓶，根据 GC 分析时间的长短，在某一时刻开始对下一个样品重复上述操作。这种方法的优点就是重现性好，很适合顶空的定量分析。但由于系统管路较长，挥发性物质易在管壁上吸附，一般将管路和注射器加热到较高温度。其工作流程如图 4-4-5 所示。

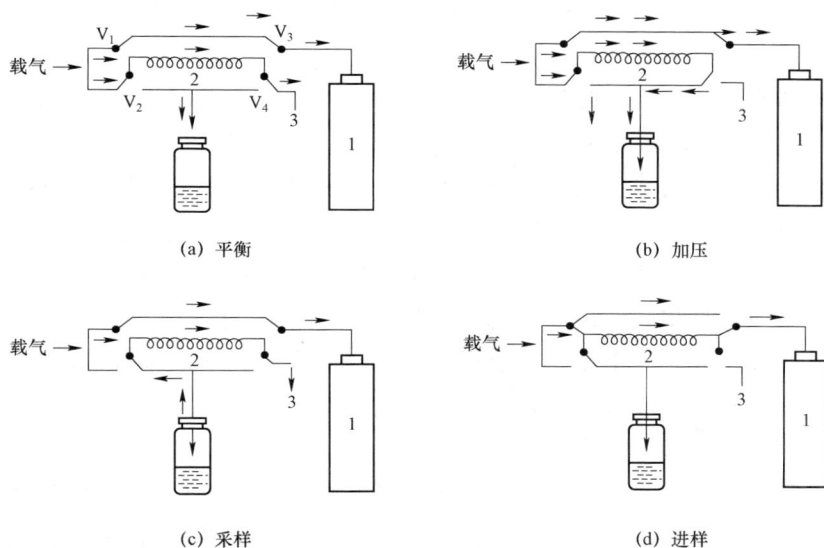

(a) 平衡   (b) 加压

(c) 采样   (d) 进样

图 4-4-5 压力控制定量管进样的顶空 GC 系统工作原理
1—气相色谱仪；2—定量管；3—放空出口；V_1、V_2、V_3、V_4—切换阀

（三）静态顶空技术的影响因素

由于样品性质、气液体积比、平衡温度、平衡时间、加压时间和压力高低、采样时间、载气流速等条件均影响对静态顶空气相色谱的分析，因此在操作过程中必须对这些条件实施严格控制。下面主要介绍样品性质、样品量、平衡温度和平衡时间的影响。

1. 样品性质

顶空气相色谱最大的优点就是样品处理过程不很复杂，直接取其顶空气体进行分析，并且不用担心样品中不挥发组分对 GC 分析的影响。但是样品的性质仍然对分析结果有直接影响。这里所说的样品是指置于样品瓶中的"原样品"，而非进入 GC 的"挥发物"，因此要考虑整个样品瓶中的样品性质。

值得注意的是，气体样品保存的温度常常低于样品采集的温度，在相对低温下保存样品时，有些组分可能会冷凝，因此在分析时，为使样品达到均匀的气相，消除部分样品组分冷凝带来的误差，需要在平衡温度下放置一定的时间。倘若是将液体样品转换为气体，那么这个转换过程是需要一定时间的，不像普通 GC 中进样口的样品汽化那么快。汽化不完全会使顶空样品与原样品的组成不同，因此也应在一定的温度下平衡足够的时间，以防影响最终分析结果的准确度。

液体和固体样品较为复杂，因为样品瓶中起码有气-液或气-固两相，甚至气-液-固三相共存。顶空气体中各组分含量不仅与其自身的挥发性有关，还与样品基质有关。尤其是在样品基质中溶解度大（分配系数大）的组分，"基质效应"更为明显。即顶空气体的组成与原样品中的组成不同，这对定量分析的影响尤为严重。因此，标准样品不能仅用待测物的标准品配制，还必须有与原样品相同或相似的基质，否则定量误差将会很大。

在实际应用中，主要利用盐析作用、调节溶液的 pH、粉碎固体样品、向有机溶液中加入水这 4 种方法来消除或减少基质效应。

2. 样品量

样品量是指顶空样品瓶中的样品体积，有时也指进入 GC 的样品量。在顶空气相色谱分析中，进样量是通过进样时间或定量管来控制的，它还受温度和压力等因素的影响。事实上，绝对进样量在顶空气相色谱分析中没有太多意义，主要是进样量的重现性，只要能保证进样条件的完全重现，就能保证重现的进样量。即使在定量分析中，一般也不需要知道绝对进样量的数值。

顶空样品瓶中的样品体积对分析结果影响很大，因为它直接决定相比 β。由静态顶空技术理论导出的方程如下。

$$C_g = \frac{C_L^0}{K + \beta}, \quad \beta = \frac{V_g}{V_L}, \quad K = \frac{C_L}{C_g}$$

对于一个给定的气液平衡系统，K 和 C_0 为常数，β 与顶空气体中的浓度成正比。也就是说，样品体积 V_L 增大时，β 减小，C_g 增大，灵敏度增加。但对具体的样品体系，还要看 K 的大小。当 $K \gg \beta$ 时，样品体积的改变对分析灵敏度影响很小。而当 $K \ll \beta$ 时，影响就很大。所以，样品量要依据样品体系的性质来确定。

与样品量有关的另一个问题是其重现性。由于静态顶空 GC 往往只从一个样品瓶中采样一次，因此做平行实验时，需要制备几份样品，分别置于不同样品瓶中。这时，每份样品的体积是否重现也影响分析结果。待测组分的分配系数越小，样品体积波动所造成的结果误差就越大；反之，分配系数越大，这种影响就越小。然而在实际工作中，样品体系的分配系数往往是未知的，因此在实际应用中要尽量保持各样品的体积一致。具体分析时，样品体积还与样品瓶的容积有关。样品体积的上限是充满样品瓶容积的 80%，以便有足够的顶空体积便于采样。常采用样品瓶容积的 50% 为样品体积，有时只用几微升样品。样品性质、分析目的和方法是决定样品体积的主要因素。

3. 平衡温度

样品的平衡温度与蒸气压直接相关，它影响分配系数。一般来说，温度越高，蒸气压越高，顶空气体的浓度越高，分析灵敏度就越高；待测组分的沸点越低，对温度越敏感。因此，顶空 GC 特别适合于分析样品中的低沸点成分。单从这方面来考虑，高的平衡温度可以缩短平衡时间，对分析有利。

然而在顶空 GC 中，温度的改变只影响分配系数 K，而不影响相比 β。如前所述，必须同时考虑这两个参数。对于给定的样品体系，β 是常数，顶空气体的浓度与分配系数 K 成反比。如上所述，当 $K \gg \beta$ 时，温度的影响非常明显。当 $K \ll \beta$ 时，温度升高使 K 降低，但 $K+\beta$ 的变化很小，因此顶空气体的浓度变化也很小。

实际工作中往往是在满足灵敏度的条件下选择较低的平衡温度。这是因为，过高的温度可能会导致某些组分发生分解和氧化，还会使顶空气体的压力过高，特别是使用有机溶剂时（故应选择较高沸点的有机溶剂）。过高的顶空气体压力会对下一步加压提出更高要求，这可能引起仪器系统的漏气。

4. 平衡时间

平衡时间本质上取决于被测组分分子从样品基质到气相的扩散速度。扩散速度越快，即分子扩散系数越大，所需平衡时间越短。另外，扩散系数与分子尺寸、介质黏度和温度都有关。温度越高，黏度越低，扩散系数越大。所以，提高温度可缩短平衡时间。

由于样品的性质不同，平衡时间难以确定，因此一般要通过实验来测定样品的平衡时间。具体方法是用 5～10 个样品瓶装上同一样品，每个样品瓶采用不同的平衡时间，然后进行 GC 分析。用待测物的峰面积 A 对平衡时间 t 作图，就可确定所需平衡时间。如图 4-4-6 所示，当平衡时间超过 t_e 时，峰面积基本不再增加，证明样品达到了平衡。

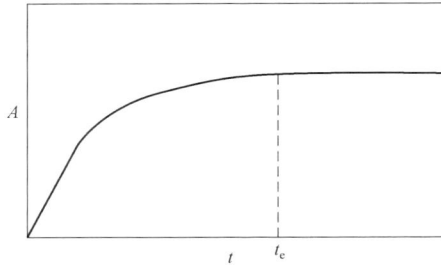

图 4-4-6　峰面积 A 与平衡时间 t 的关系示意图

顶空 GC 的分析周期往往是由平衡时间决定的，因为平衡时间往往要比分析时间长。所以，缩短平衡时间是提高顶空 GC 分析效率的关键因素。缩短平衡时间可以采用重叠平衡功能。比如一个样品的平衡时间为 40 min，而 GC 分析时间为 15 min。可以在第一个样品平衡 15 min 后开始第二个样品的平衡。这样，当第一个样品分析完成后，第二个样品正好达到平衡，可立即开始进样分析。以此类推，当有多个样品需要分析时，就能有效地提高工作效率。实际应用中，可通过对自动进样仪器的时间进行设置来实现。

气体样品或可全部转化为气体的液体样品所需的平衡时间要短一些，一般 10 min 左右即可。液体样品的情况比较复杂一些，除了与样品性质、温度有关，平衡时间还取决于样品体积，体积越大，所需平衡时间越长，故可用小的样品体积来达到缩短平衡时间的目的。此外，对样品进行搅拌也是缩短液体样品平衡时间的有效办法，或是机械振动搅拌，或是电磁搅拌。除了提高温度、缩小样品体积、对样品进行搅拌可以缩短平衡时间，减小固体颗粒尺寸、增大比表面积、将固体样品溶解在适当的溶剂中或用溶剂浸润固体样品也可有效地缩短平衡时间。

二、动态顶空色谱技术

（一）动态顶空色谱技术基本原理

动态顶空是相对于静态顶空而言的。与静态顶空不同，动态顶空利用惰性流动的气体将样品中的挥发性成分"吹扫"出来，再用一个捕集器将吹出来的物质吸附下来，最后经热解吸将样品送入 GC 进行分析。因此，通常称其为吹扫-捕集（purge-trap）进样技术。

一般用氮气作为吹扫-捕集的吹扫气，将其同通入样品溶液鼓泡。在连续的气体吹扫下，样品中的挥发性组分随氦气逸出，并通过一个装有吸附剂的捕集装置进行浓缩。在一定的吹扫时间后，待测组分全部或定量地进入捕集器。此时，关闭吹扫气，由切换阀将捕集器接入 GC 的载气气路，同时快速加热捕集的样品组分解吸后随载气进入 GC 分离分析。动态顶空色谱技术应用广泛，既用于环境分析，如饮用水或废水中的有机污染物分析；也用于食品中挥发物（如气味成分）的分析等。显然，许多样品既可采用动态顶空色谱技术分析，也可以用静态顶空技术分析，不过动态顶空色谱技术的灵敏度较高，且可分析沸点相对高（蒸气压低）的组分。此外，动态顶空比静态顶空的平衡时间短。

（二）动态顶空色谱进样装置

向样品管中加入 5～20 mL 液体样品，液体样品通过样品管下部的玻璃筛板渗入储液管，直到两边的液面达到同一水平。然后打开吹扫气阀，气体通过储液管，经玻璃筛板后分散成小气泡，吹扫气流可调。吹扫出的挥发性成分随载气进入捕集器，其中常用的填充剂有 Tenax、硅胶或活性炭。捕集器一般为长 30 cm、内径 3 mm 的不锈钢管。如图 4-4-7 所示，为吹动态顶空色谱进样器气路原理图。

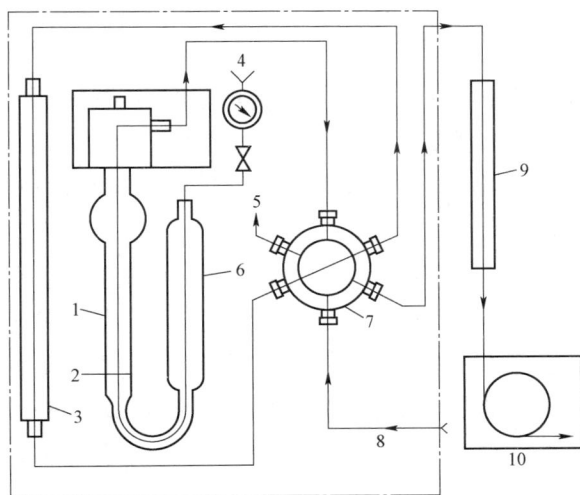

图 4-4-7　吹动态顶空色谱进样器气路原理图

1—样品管；2—玻璃筛板；3—吸附阱；4—吹扫气入口；

5—放空；6—储液瓶；7—六通阀；8—GC 载气；9—可选的除水装置和冷阱；10—GC

当吹扫过程结束后，关闭吹扫气阀，同时转动六通阀，载气就通过捕集管进入 GC。此时捕集管中的气流方向与吹扫过程的方向相反。然后捕集管加热装置开始工作，迅速达到 200～800 ℃的解吸温度，样品以尽可能窄的初始谱带进入色谱柱。动态顶空色谱进样装置与 GC 的连接方式和静态顶空系统相似。连接管要保持在一定的温度，以避免样品组分冷凝。用填充柱和大口径柱时，输送管接在填充柱进样口，并用常规毛细管柱时接在分流-不分流进样口。

对于液体样品来说，吹扫过程中往往有大量的水蒸气进入捕集管。为减少进入色谱柱的水分，应在捕集管中加装部分吸水性强的硅胶。若这样仍不能满足 GC 分析的要求，为更有效地除去水分，还可在 GC 之前连接一个干燥管或吸水管。

与静态顶空类似，动态顶空进样也采用冷冻富集技术来提高整个系统的分离能力。它可以通过在 GC 之前连接一个冷冻装置，或者采用静态顶空技术所用的方法来实现。

（三）影响动态顶空色谱技术的因素

1. 温度

动态顶空色谱分析技术中需要控制样品的吹扫温度、捕集器温度和连接管路的温度。

（1）样品的吹扫温度

液体样品大多在室温下吹扫，若想满足分析要求只需吹扫时间足够长。也可通过对样品加热来缩短吹扫时间，但温度的升高会增加水的挥发。对于非水溶液，如某些肉类食品，则采用高一些的吹扫温度。

（2）捕集器温度

吸附温度和解吸温度不同，吸附温度一般为室温，但也可采用低温冷冻捕集技术来吸附不易吸附的气体。即用冷气、液态二氧化碳或液氮控制捕集管的温度。至于解吸温度，应依据待测组分的性质和吸附的性质来优化确定。商品化自动吹扫-捕集进样器的解吸温度最高可达 450 ℃，但在部分环境分析的标准方法（如美国 EPA 方法）均采用 200 ℃左右的吹扫温度。

（3）连接管路的温度

连接管路的温度应足够高，以防止样品冷凝。环境分析常用的连接管温度为 80～150 ℃。

2. 吹扫气流与吹扫时间

样品中待测物的浓度、挥发性、与样品基质的相互作用以及其在捕集管中的吸附作用大小，都是吹扫气流速的决定性因素。用氦气作为吹扫气时，流速范围为 20～60 mL/min。用氮气时可稍高一些，但由于氮气在水中的溶解度比氦气大，因此氮气的吹扫效果不及氦气。需要注意的是，吹扫流速太大会影响对样品的捕集，造成样品组分的损失。

气相色谱仪上所用的色谱柱决定了解吸时的载气流速。当选用填充柱时，流速为 30～40 mL/min；用大口径柱时流速为 5～10 mL/min；用常规毛细管柱时，则要按分流或不分流模式来设置载气流速。

吹扫时间是动态顶空色谱技术的重要参数之一。理论上，吹扫时间越长，分析重现性和灵敏度越高。但应在满足分析要求的前提下，考虑到分析时间和工作效率，选择尽可能短的吹扫时间。实际工作中可通过测定标准样品的回收率来确定吹扫时间。总体来说，吹扫时间还是要根据具体样品来优化确定。

（四）动态顶空色谱技术的应用

动态顶空色谱技术在环境分析中应用最为成熟，如对生活饮用水、海水、沉积物、土壤中的苯系物及其他挥发性有机物分析，动态顶空色谱技术多为首选技术。

动态顶空色谱技术除了在环境分析中应用广泛，在食品的气味分析方面应用也颇多。由于食品的气味是由挥发性有机物决定的，而这些挥发物很适合于用顶空 GC 分析，因此，即可使用静态顶空技术，也可使用动态顶空色谱技术。

第五节　超声萃取

一、超声萃取的定义

超声（波）萃取（Ultrasound extraction，UE），亦称为超声波辅助萃取、超声提取，是利用超声波辐射压强产生的强烈空化效应、扰动效应、高加速度、击碎和搅拌作用等多级效应，增大物质分子运动频率和速度，增加溶剂穿透力，从而加速目标成分进入溶剂，促进提取进行的一种样品前处理技术。

二、超声萃取基本原理

超声波是指频率为 20 kHz～50 MHz 的机械波。与电磁波不同，超声波需要能量载体——介质来进行传播，其穿过介质时会产生膨胀和压缩两个过程，进而传递给介质以强大的能量。在液体中，膨胀过程会形成负压。如果超声波能量足够强，膨胀过程会在液体中生成气泡或将液体撕裂成很小的空穴，这些空穴瞬间闭合，闭合时产生高达 3 000 MPa 的瞬间高压和高温，这一过程称为空化作用，整个过程在 400 μs 内即可完成。空穴的非均匀破裂产生高速液体喷流，使膨胀气泡的势能转化成液体喷流的动能，在气泡中运动并穿透气泡壁。连续不断产生的高压和喷射流不断地冲击固体表面，可破坏有机物在固体样品表面的吸附，使颗粒表面及缝隙中的可溶性活性组分迅速溶出，同时强烈的空化作用会使样品中细胞壁破裂，而将细胞内溶物释放到周围的提取液体中。此外，空化作用可击碎并细化固体样品，制造乳液，提高溶剂的穿透力，加速目标成分进入溶剂，提高提取率。利用超声波的上述效应，从不同类型的样品中可高效提取各种目标有机污染物成分。

三、超声萃取的优缺点

与常规的萃取技术相比，超声萃取技术具有快速、价廉、高效的优点，在某些情况下甚至比超临界流体萃取（SFE）和微波辅助萃取还好。与索氏萃取相比，其主要优点有：成穴作用增强了系统的极性，提高了萃取效率；超声波萃取允许添加共萃取剂，以进一步增大液相的极性；适合不耐热的目标成分的萃取；操作时间比索氏萃取短。

与超临界流体萃取相比，其主要优点有：仪器设备简单，成本低廉；可提取很多极性化合物。与微波辅助萃取相比，其主要优点有：比常规微波辅助萃取安全；萃取过程简单，不易对萃取物造成污染。

然而，超声萃取也有一定缺点和局限性。超声萃取的提取率受到的影响因素较多，因此其提取的稳定性不够好。对于一些结构不稳定、高反应活性的有机物如部分有机磷农药类，超声萃取中产生的自由基和高能量会造成一些目标化合物的分解，使其回收率大幅降低，因此不适用于该类物质的前处理。此外，超声萃取仪器在使用过程中不可避免地会造成一定的噪声污染。

四、超声萃取的应用

目前，超声波萃取技术已广泛用于食品、药物、工业原材料、农业、环境等领域，主要是对有机组分的分离纯化和提取检测。其中，在环境检测领域主要应用于土壤沉积物、大气颗粒物、纺织品、生物样品中多种有机污染物的提取。

《土壤和沉积物　有机物的提取　超声波萃取法》（HJ 911—2017）规定了提取土壤和沉积物中有机物的超声波萃取法，可适用于土壤和沉积物中多环芳烃、酚类、邻苯二甲酸酯类和有机氯农药等半挥发、难挥发性有机物的提取。超声波提取仪选用探头式、功率不小于 500 W 的仪器，提取剂根据目标化合物的性质可选用二氯甲烷、正己烷、二氯甲烷-丙酮混合溶剂（1:1）或正己烷-丙酮混合溶剂（1:1）中的一种。提取土壤沉积物样品时，称取 20 g（精确到 0.01 g）样品于 250 mL 玻璃烧杯中，加入一定量的无水硫酸钠（无水硫酸钠的加入量视样品的水分含量而定，但要保证总量不超过烧杯容量的一半），用不锈钢搅匙搅拌均匀，使搅拌后的试样呈流沙状，待提取。在装有试样的烧杯中加入约 50 mL 的提取剂，保证加入的提取剂液面高出固体试样表面约 2 cm，超声波提取仪探头插入至液面以下 1 cm 处，但必须在固体试样表面以上（可根据试样的体积，适当增加或减少提取剂的加入量）。调节超声波提取仪的功率及探头深度需保证试样在提取时能够被完全翻动，超声提取 3 min。随后在漏斗颈部放入少量石英玻璃棉，再加入适量无水硫酸钠，提取液经漏斗干燥过滤（若提取液中悬浮有固体颗粒物，需将提取液倒入离心管，低速离心去除其中的固体颗粒，然后过滤）。再重复提取两次，合并 3 次提取液，待后续处理。经氮吹浓缩仪浓缩后，半挥发性有机物采用气相色谱-质谱法分析，有机氯农药采用气相色谱-电子捕获（ECD）分析。

《土壤和沉积物　多氯联苯的测定　气相色谱-质谱法》（HJ 743—2015）规定了土壤中多氯联苯类化合物的测定方法。样品前处理方法推荐使用微波萃取或超声萃取两种方法。选用超声萃取法时，应称取 5.0～15.0 g 试样置于玻璃烧杯中，加入 30 mL 正己烷-丙酮混合溶剂（1:1），用探头式超声波萃取仪，连续超声萃取 5 min，收集萃取溶液。上述萃取过程重复 3 次，合并提取溶液。随后根据样品基体干扰情况选择合适的净化方法（浓硫酸磺化，铜粉脱硫、弗罗里硅土柱、硅胶柱等凝胶渗透净化小柱），对提取液净化、浓缩、定容后，用气相色谱-质谱仪分离、检测，内标法定量。

新型有机污染物的提取。超声萃取技术在新型阻燃剂、烷基酚等新型有机污染物（POPs）的提取和分析中得到了广泛应用。江锦花等建立了超声萃取-气相色谱-质谱法测定海洋沉积物中 39 种多溴联苯醚残留的分析方法，沉积物样品用正己烷-二氯甲烷（体积比 1:1）混合溶液超声提取（控制水溶温度为 25 ℃）60 min，硅胶和氧化铝柱净化，负化学离子源-气相色谱-质谱法检测。赵陈晨等建立了一种测定土壤中 8 种烷基酚（APs）和烷基酚聚氧乙烯醚（APEOs）的分析方法，土壤样品用二氯甲烷-乙酸乙酯（4:1，V/V）混合溶剂进行 3 次超声萃取，萃取的水浴温度为 35 ℃，超声萃取后经硅胶固相萃取柱净化，用于液相色谱检测。

第六节　振荡提取

一、振荡提取基本介绍

振荡提取法是通过对样品进行重复性的摇动，达到固体样品与提取溶剂充分混合，使污染物能够从样品中被分配到提取溶剂中，从而实现有效的提取和分离。

振荡浸提法作为一种传统的提取方法，其意义在于能够将样品充分混合均匀，从而大幅度增加液体的流动性，提高提取效率，且方法本身不对样品产生太大破坏，因此在环境检测、食品安全等领域仍具有很高的应用价值。相比于超声萃取、微波辅助萃取、加压流体萃取等新型有机污染物前处理技术，振荡提取操作步骤简单，设备易普及，并且具有良好的灵敏度和精密度，能够满足大部分样品检测的要求。

二、主要分类

（一）翻转振荡提取

翻转振荡提取一般适用于固体废弃物浸出毒性翻转法，广泛应用于环境监测、固体废弃物处置等与固体废弃物的毒性鉴别、研究、处理、处置的相关行业。全自动翻转式振荡器是固体废弃物浸出试验设备，该设备要求温度实时控制，温度波动小，转速可调节，运转方式自行设定；此外，还具备多种翻转方式，能够长时间连续运行平稳，噪声低，维护方便，兼容性好。

（二）水平振荡提取

水平振荡提取适用于对温度、振荡频率、振幅有较高要求的环境水样、土壤样品和固体废弃物的振荡浸提。通常采用频率可调的往复式水平振荡装置作为振荡设备，该装置采用永磁直流电机作为动力，通过电子调速电路，能够保持较为平稳的运动速度，同时具有使用寿命长、维护简单、操作方便的优点。

（三）涡旋振荡提取

涡旋振荡提取是利用偏心旋转使试管等容器中的液体产生涡流，从而达到使溶液充分混合来提取样品中有机物的目的，主要针对 50 mL 以下的小体积样品做快速混匀提取。该方法特点是混合速度快、提取效率高、体积小、操作方便。由于液体呈旋涡状能够将附在管壁上的试液全部混匀，对于一些难溶解的物质也具有较好的提取效果。此外，混合液体无须电动搅拌和磁力搅拌，所以混合液体不受外界污染和磁场影响。

三、振荡提取条件

（一）振荡时间

在一定范围内，提取效率随着振荡时间延长，各种化学成分提取效果提高，但振荡时间过长，无用杂质成分也会随之被提取出来。实际使用过程中要根据目标化合物性质、提取溶剂等选择合适的振荡提取时间。

（二）振荡频率

不同目标化合物组分在振荡提取过程中适宜的振荡频率也不相同。HJ/T 299 和 HJ/T 300 中关于固体废物有机化合物翻转振荡规定的振荡频率为（30±2）/min。随着振荡频率的增加，物料在溶剂中混合更加充分，相关物质的浸出率增加，但是当振荡频率达到一定值时，相关物质提取效率受其影响变得较小。

（三）振荡温度

一般来说，较高温度提取化合物的效率较高，较低温度提取的杂质较少。随着提取温度升高，分子运动速度加快，渗透、溶解、扩散速度加快，提取效果更好，但过高的振荡温度也会造成目标成分被破坏，同时杂质含量也增多。

四、振荡提取技术的应用

振荡提取作为最常见的有机物提取技术之一，因其具有操作简便、设备便宜、测量结果稳定等特点，在元素形态分析、农药残留、持久性有机污染物监测等领域的应用十分广泛。

周志豪[1]等建立了一种同时测定藻类中 6 种形态砷化合物（亚砷酸根、砷酸根、一甲基砷酸、二甲基砷酸、砷甜菜碱、砷胆碱）的振荡提取-高效液相色谱-电感耦合等离子体质谱法。选取 0.3 mol/L 乙酸溶液作为提取剂振荡提取藻类样品中的砷化合物，经 HPLC-ICP-MS 进行分离和定量分析。结果表明：在优化实验条件下 6 种形态砷化合物的检出限为 0.24～0.34 μg/L，加标回收率为 85.1%～98.3%。该方法灵敏度高，前处理简单高效，可以有效地分析藻类样品中不同形态的砷化物。

陈星星[2]等采用振荡提取土壤中的有机氯农药，通过电子捕获器（ECD）进行定量分析。研究不同提取溶剂、提取时间、提取次数对土壤中 8 种有机氯类农药提取效率的影响。样品经正己烷/丙酮（V/V 为 4:1）提取，提取时间为 30 min，提取 1 次，经旋转蒸发仪浓缩，浓硫酸净化后直接进样。该方法提取效率高于 70%，操作简单省时，具有良好的灵敏度、准确度和精密度，能满足实验室大量检测需要。

---

① 周志豪，黄振华，周朝生，等. 振荡提取-高效液相色谱-电感耦合等离子体质谱法测定藻类中 6 种形态砷化合物 [J]. 山东化工，2018，47（21）：71-73+76.

② 陈星星，陈肖肖，黄振华，等. 土壤中有机氯类农药振荡提取分析方法探讨 [J]. 浙江农业科学，2014（11）：1749-1750+1756.

第七节　索氏提取

一、索氏提取基本原理

索氏提取（Soxhlet extraction）是将固体样品长时间浸到提取溶剂中，将目标物浸出的一种经典的固体样品萃取方法。当加热烧瓶时，瓶内溶剂被蒸出，蒸气遇冷凝结成纯净液滴，滴入索氏提取管中提取固体样品中的目标物，并且是通过连续循环回流对目标物进行萃取。

二、索氏提取操作步骤

索氏提取技术常用仪器是索氏提取器，也称为脂肪提取器。其利用溶剂回流及虹吸原理，实现固体物质连续不断地被纯溶剂萃取。索氏提取器上部为冷凝器，中间为提取套筒，下端连接盛放溶剂的圆底烧瓶，如图 4-7-1 所示。对物料进行萃取时，需首先将样品研磨，包裹于滤纸套筒内，再放置于提取器内，然后将烧瓶恒温水浴加热，烧瓶内溶剂受热蒸发，经套筒的侧管进入冷凝器，冷凝后的溶剂滴至抽提筒中的物料上，待聚集的溶液超出侧位虹吸管的顶端时由虹吸管流回烧瓶，即冷凝下来的萃取溶剂对被萃取样品反复进行萃取。

索氏提取是美国环保署（EPA）的推荐方法，如 EPA 3540 方法和 EPA3541 方法。该方法萃取效率高，但溶剂用量大、操作烦琐、耗时长、不易实现自动化，是其很严重的缺点。

三、索氏提取的应用

索氏提取因其自身技术优势，已被广泛应用于环境样品的前处理中，涉及多个领域，包括土壤和沉积物、废气、环境空气、固体废物等。表 4-7-1列出了部分环境有机污染物检测中涉及索氏提取前处理的相关标准方法以及其中推荐使用的提取溶剂。从中可以看出索氏提取技术在土壤、固废检

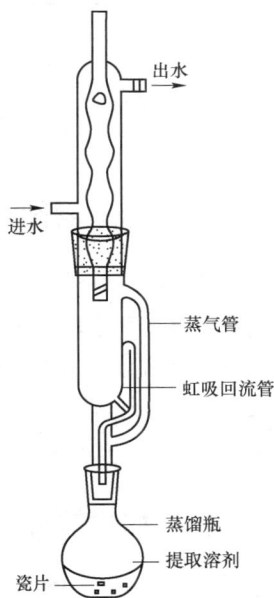

图 4-7-1　索氏提取装置

出水

进水

蒸气管

虹吸回流管

蒸馏瓶

提取溶剂

瓷片

测方面应用更为普遍。

表 4-7-1　环境有机污染物样品前处理中索氏提取溶剂的选择

序号	所属类别	有机污染物类型	标准方法	提取溶剂
1	土壤和沉积物	多环芳烃	HJ 805—2016	丙酮-正己烷
2	土壤和沉积物	有机氯农药	HJ 835—2017	丙酮-正己烷
3	土壤和沉积物	三嗪类农药	HJ 1052—2019	丙酮-二氯甲烷
4	土壤和沉积物	多氯联苯	HJ 922—2017	丙酮-正己烷
5	固体废物	有机氯农药	HJ 912—2017	丙酮-正己烷
6	固体废物	多氯联苯	HJ 891—2017	丙酮-正己烷或甲苯
7	固体废物	二噁英类	HJ 77.3—2008	甲苯
8	固体废物	多环芳烃	HJ 892—2017	丙酮-正己烷
9	环境空气和废气	二噁英类	HJ 77.2—2008	甲苯/丙酮
10	环境空气和废气	多环芳烃	HJ 646—2013	乙醚/正己烷

第八节　加速溶剂萃取

一、加速溶剂萃取的原理

加速溶剂萃取（Accelerated Solvent Extraction，ASE）是 ASE 仪根据溶质在不同溶剂中溶解度不同的原理，在较高的温度（50～200 ℃）和压力 10.3～20.6 MPa（1 000～3 000 psi）下，选择适当的溶剂，实现高效、快速萃取固体或半固体样品中的有机物的方法。ASE 仪由溶剂瓶、泵、气路、加温炉、不锈钢萃取池和收集瓶等部分构成，如图 4-8-1 所示。

二、操作流程

首先向圆盘式传送装置上的萃取池中装入待处理的样品，然后通过圆盘的传送装置将萃取池送入加热炉腔内，并连接相应收集瓶。溶剂被泵送到萃取池，萃取池在加热炉内被加温加压后达到设定的温度和压力，保持 5 min 进行静态萃取。向萃取池中多次加入少量清洗溶剂，萃取液经过滤膜后进入收集瓶，再用 N_2 吹洗萃取池和管道。整个过程耗时 13～17 min。对于在高

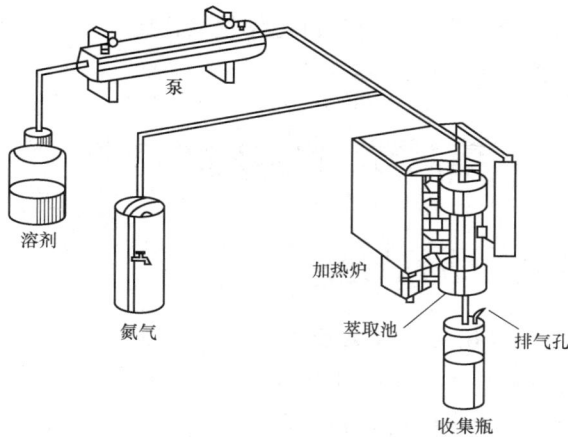

图 4-8-1 ASE 仪结构示意图

温高压条件下进行的 ASE 来说，热降解是其不得不考虑的一个问题。但 ASE 高温高压的时间一般为十几分钟，所以热降解并不明显。

ASE 技术根据样品挥发的难易程度，采用了预加热和预加入两种方式对样品进行处理。预加热法是在向萃取池中加注有机溶剂前，首先将萃取池加热，适用于不易挥发的样品；预加入法是为防止易挥发组分的损失，在样品加热前，先加入有机溶剂，以使挥发组分被收集在溶剂中。

另外，ASE 在环境方面常用于土壤、大气和河流等多种样品中的化合物测定，也应用于环境样品的前处理。例如，ASE 在土壤中对杀虫剂、除草剂等的萃取；在蔬菜、水果等农作物中对多环芳烃、有机氯化合物、有机磷农药等的萃取；在生物样品和食品中对马拉硫磷、毒死蜱农药残留的萃取等；对环境样品中的呋喃、含氯除草剂、含氯农药、苯类、柴油、总石油烃等的萃取。ASE 除了在农药残留分析、环境分析化学领域外，还在食品、药品和工业等多个领域中得到了广泛应用。

三、加速溶剂萃取的应用

ASE 在环境方面常用于土壤、大气和河流等多种样品中的化合物测定，也应用于环境样品的前处理。例如，ASE 在土壤中杀虫剂、除草剂等的萃取；在蔬菜、水果等农作物中多环芳烃、有机氯化合物、有机磷农药等的萃取；生物样品和食品中对马拉硫磷、滴滴涕、毒死蜱农药残留的萃取等；对环境样品中的呋喃、含氯除草剂、含氯农药、苯类、柴油、总石油烃等的萃取。

ASE 除了在农药残留分析、环境分析化学领域，还在食品、药品和工业等多个领域得到了广泛应用。

第九节　微波辅助萃取

一、微波辅助萃取的原理

微波辅助萃取（Microwave Aided Extraction，MAE）是利用微波能加热提高萃取效率的一种技术。它通过偶极子旋转和离子传导两种方式里外同时加热，无温度梯度，因此热效率高、升温迅速均匀，提高了萃取效率。在高频微波能的作用下，样品及溶剂中的偶极分子以 $2 \times 10^9 \sim 3 \times 10^9$ r/s 的速度变换其正、负极，产生偶极涡流、离子传导和高频率摩擦，从而在短时间内产生大量的热量。偶极分子旋转导致的弱氢键破裂、离子迁移等加速了溶剂分子对样品基体的渗透，使微波萃取时间显著缩短。

微波的加热具有选择性，MAE 利用极性分子可迅速吸收微波能量来加热，而非极性溶剂则不能吸收微波能量，所以要在非极性溶剂中加入一定比例的极性溶剂来使用，如用体积比为 1:1 的丙酮-正己烷作为溶剂微波萃取样品中的 DDT、六六六等物质。溶剂的极性越大，对微波能的吸收越大，升温越快，萃取速度越快。所以，在选择萃取剂时一定要考虑溶剂的极性，以达到最佳效果。

二、微波辅助萃取的特点

微波萃取是一种经典的方法，它具有萃取速度快、效率高、试剂用量小、重现性好、耗时短、可同时处理多个样品、回收率高、灵敏度高等特点，很适合固体和半固体样品的处理。MAE 技术避免长时间高温而引起的样品分解，对于热不稳定的物质很是适用。

三、微波辅助萃取（MAE）的应用

（一）MAE 在环境分析中的应用

MAE 在环境分析中的应用有很多，尤其是对于固体样品的前处理，主要包括对样品有机农药、持久性有机污染物（POP）、有机金属化合物（有机锡、有机汞、有机砷、有机硒等）等的萃取。

（二）MAE 在天然产物提取中的应用

微波辅助萃取在应对天然产物的提取上也非常有效，微波可以穿透天然产物的坚硬或柔软表皮，实现在反应物内外同时、均匀、迅速地加热。微波能够在短时间内将植物的组织细胞壁破坏，使萃取介质进入细胞内溶解并释放细胞内的物质。

近年来，国内外学者相继发展和提出了许多新型 MAE 方式，如动态 MAE、真空 MAE、浊点 MAE、无溶剂 MAE、离子液体 MAE 等。将这些方法应用于天然产物的提取中，有效克服了传统提取技术的不足，使 MAE 技术在该领域的应用范围更加广泛。

（三）MAE 在食品分析中的应用

近年来，食品安全问题备受人们关注，MAE 作为一种省时、省力的样品前处理手段，现已广泛应用于蔬菜、谷物、肉类等多种食品中如除草剂、污染物杀菌剂苯咪氨甲酯、甲基苯硫脲酯、有机氯杀虫剂的检测。

（四）MAE 在药物分析中的应用

在药物领域，MAE 已用于生物样品中多种药品的分析，如头发中的可卡因、血清中的三环抗抑郁药物、血液中的甲基苯丙胺、尿液中的苯丙胺类毒品等。但 MAE 在药物分析中的应用还具有其局限性，需要进一步发展研究。

第十节　热解吸技术

热解吸作为一种样品前处理分析技术，发展到今天已经得到了不断的完善优化。传统的热解吸技术是这样描述的：热解吸（thermal desorption，TD）是用固体吸附材料（通常使用 Tenax 等）进行富集浓缩采集大气和液体（水）样品，或者使用固相萃取、吹扫-捕集和膜分离等技术制备色谱分析样品，使欲测组分被吸附在固体吸附剂上，然后通过快速加热将这些欲测组分从固体吸附剂上解吸下来，送进色谱分析系统进行分析的技术。而随后发展的直接热解吸技术（direct thermal desorption，DTD）建立在 TD 技术的基础上，充分利用气相色谱进样口技术和衬管技术，省去了许多中间环节，直接实现样品的热解吸-气相分析，尤其适用于固体样品的分析。

一、热解吸

（一）热解吸的原理

从固体吸附剂上将欲测组分解吸下来的方式有热解吸和液体解吸两种。目前，大都采用热解吸方式。为了使吸附的样品全部进入色谱，通常采用二次冷聚焦技术，使用不分流和注入口程序升温技术可以有效地改善测定的灵敏度和分辨率。但是，活性炭吸附都采用溶剂解吸技术，活性炭吸附能力极强，需要较高的热解吸温度，这样就会产生样品的降解，使分析测定误差增大。

从吸附理论可知，温度越低，吸附剂与被吸附物之间的吸附力越强；随着温度的升高，吸附剂与被吸附物之间的吸附力越弱。因此，加热可以使吸附在吸附剂上的欲测组分解吸下来，加热的温度（即热解吸温度）与欲测组分的沸点、热稳定性和吸附剂的热稳定性有关。热解吸温度低可能会使样品中组分解吸不完全，回收率低，管中残存量大；热解吸温度太高可能会由于某些组分对热的不稳定性而使回收率低。此外，某些吸附剂对某些物质具有催化活性，致使它们的回收率降低。Tenax（聚 2,6-二苯基对苯醚）是一种多孔高分子聚合物，对 6 个碳以上的烃类具有良好的吸附性和热解吸性。它是憎水的，采样时不会因为湿度影响穿透体积。

热解吸的过程受升温速率和最终温度的影响，所以，热解吸时要求严格控制升温速率和最终温度。升温速率越快，最终温度越高，解吸速度就越快，进入色谱柱的初始样品谱带就越窄。最终温度取决于欲测组分和吸附剂的热稳定性，一般在 300 ℃以下，因为大多数高分子吸附剂在 300 ℃时就开始分解了。解吸过程中载气的流速也对热解吸有影响，一般是载气的流速越快，越有利于热解吸。

（二）热解吸的装置

热解吸装置的加热源通常是带状的加热器或管式炉，当加热到 200～250 ℃时进行热解吸。如果温度控制器的触点开关频繁启动，或者管式炉加热器的圈数少或不均匀，温度虽然上升但吸附管的温度上升不充分，那么色谱峰可能会分成两个或者发生拖尾。当热解吸装置的升温速度较慢时，被吸附剂吸附的物质陆续解吸，加宽了进入色谱柱的初始样品谱带，使最终的色谱峰加宽，降低了色谱的分辨率。所以，热解吸装置对吸附管的加热要均匀，升温要迅速。如图 4-10-1 所示，给出了一种常用的热解吸装置结构图，吸附管放在被加热控制器控制的加热炉内，加热控制器控制加热炉的温度和升温速率。被热解吸的组分随载气进入 GC 分离柱被分析。

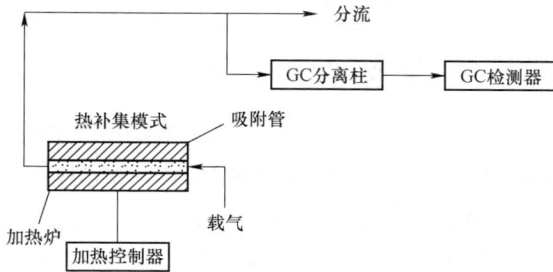

图 4-10-1　热解吸装置结构简图

热解吸装置可以是一个独立的热解吸器，也可以用吹扫-捕集进样器的捕集管加热装置（将吸附管放在捕集管的位置）。热解吸还可以使用直接装在气相色谱进样口的热裂解装置中进行，此时要将热裂解的温度设置在低于 300 ℃；若温度过高，欲测组分和吸附剂都有可能热裂解。

（三）使用热解吸技术时应注意的问题

为了提高吸附采样管的吸附-热解吸的回收率，充填的吸附剂应当使用捕集效率高而且易于加热回收的物质，采样时空气的干湿对某些有机化合物吸附-热解吸的回收率有影响。良好的吸附捕集管在低于常温时，吸附容量要尽可能大，而在 100 ℃时，能够容易地逐出各种化合物，也就是说在高温下它的穿透容量小。但是，即使使用良好的吸附捕集管进行常温吸附，气相色谱测定时，也常常发现色谱峰变形的现象。

在高温下难以热解吸的物质可以使色谱峰变宽。此外，即使是容易热解吸的物质，如果采样量过大而接近穿透体积，整个吸附捕集管内部都有待测物质组分的分布，热解吸出来的组分进入色谱柱时会产生时间差，这时色谱峰就可能分成两个或者变宽。而且，吸附材料充填量如果过多，待测组分通过吸附捕集管期间，分布范围变广，结果也可能使色谱峰变宽。为了防止上述情况发生，吸附管内吸附材料的充填应当控制在最小量，热解吸时应当尽可能快速地升至高温，并能在瞬间解吸出所有组分；或者将一次热解吸出的所有组分在低温下进行二次冷聚焦，然后再加热导入色谱柱。

由于吸附管反复加热和冷却，吸附材料可能会破碎而发生粒度变化，使吹扫气体通过吸附管的速度改变，导致色谱峰变形。另外，由于表面积变大，吸附能力也发生变化，有时会使色谱峰宽加宽，这时，可用分样筛将小的吸附剂颗粒筛除或者更换新的吸附材料。

（四）热解吸技术的应用

通常，以下 4 种类型样品基质中有可热解吸的挥发性组分时，可使用热解吸技术：食品中的挥发性化合物；固体基质中可热降解的化合物，如聚合材料中的增塑剂、添加剂、单体等；样品基质中不想要的组分，诸如商品中残存的溶剂等；样品基质中要收集的挥发性组分，诸如在吸附管上采集空气中的挥发性有机污染物（VOCs）。

1. 食品分析

热解吸技术用于食品分析不但可测定天然食品中的香味物质，而且可测定食品中的残存物和污染物。例如，将苹果放进一个密闭可控制温度的容器中（直径 95 mm，温控设置 50 ℃），然后使用真空泵将容器中空气抽出，并通过一个 Tenax 捕集阱，其出口流量为 25 mL/min，收集 10 min，再将捕集阱中热解吸（275 ℃，保持 2 min）出来的样品（苹果的香味组分）输送到色谱中的分离柱进行测定（FID）。使用此种采样方法可以比较食品风味的变化，监测与食品相关的挥发性有机物含量，鉴定食品在整个过程中可能发生的变化。

2. 测定样品中的添加剂

聚合物产品中的增塑剂、添加剂等经热解吸的降解产物有助于分析测定纵火案件中残存的瓦砾，定性测定土壤中的污染物，聚合物材料的性能分析等。例如，被污染的 20 mg 土壤样品直接放在石英管中并快速加热（使用铂丝）到 400 ℃后，通过 GC-MS（气相色谱质谱联用仪）在线测定，经载气吹扫通过一个 0.25 mm 的毛细管并直接进入 MS，可以快速测定出芘和荧蒽等多环芳烃，无须经过其他任何样品制备程序，还可使用上述的装置查看聚合物样品中的增塑剂：将 1 mg 聚氯乙烯塑料加热到 300 ℃时，可测定出一个非常强的色谱峰——邻苯二甲酸-2-乙基己酯。

3. 样品中残存的挥发性组分测定

热解吸技术可用于测定样品中残存的挥发性组分，如制药中的残存溶剂，聚合物中的残存单体和其他低聚物（oligmer）等。例如，10 mg 硅胶样品被加热到 275 ℃并保持 3 min 后，经氮气吹扫（30 mL/min）出来的组分被收集在 Tenax 捕集阱中，然后，在 300 ℃条件下热解吸，将解吸产物输送到大口径毛细管柱进行 GC-FID（气相色谱）测定。结果至少有 15 个甲基硅氧烷的低聚物被测定出来。

4. 环境大气样品中的挥发性有机污染物的测定

环境样品经采样管预浓缩后，进行热解吸并将解吸产物吹扫出来，直接输送到 GC，或者在柱上冷聚焦后进行 GC 分析。结果表明，在 Canister 采样器中取出 100 mL 气样品通过 Tenax 捕集阱，然后热解吸进入 GC-FID。测定的挥发性组分包括二氧乙烯、三氯乙烯、甲苯、乙苯、二甲苯等。

热解吸与气相色谱或者质谱联用，具有广泛的应用范围，可解决复杂类型样品的分析测定，包括环境材料、燃料资源、食品、制药、聚合物和其他各种商品。热解吸进样的主要特点是可用于复杂材料的分析，无须使用溶剂并可实现自动化。

被测物质从吸附材料上被全部解吸出来是基础，即通过加热使样品中有机物挥发出来而不发生降解且不产生不想要的合成产物。因此，控制样品温度、加热速率和采样时间是很重要的。因为有机物与特定的吸附材料具有挥发性和亲和性，控制采样参数有助于富集样品并传输到色谱仪器。优化这些分析过程常常涉及采样体积、温度、载气流速、吸附剂选择、吸附效率、色谱测定条件以及与仪器的接口等。

热解吸样品制备技术的优点如下。

（1）热解吸可进行 100%的样品组分的色谱分析，使灵敏度大大增加，而早期的热解吸技术主要应用在环境样品分析中。

（2）在色谱分析中没有溶剂峰，可进行宽范围挥发性物质分析，保证时间短的样品组分不会受到溶剂峰的干扰。

（3）热解吸不使用溶剂，减少和消除了由于溶剂汽化和废弃物对环境污染产生的影响。热解吸的缺点是：样品完全解吸可能需要较长的时间，需要考察和计算采样量；样品处理的费用可能较高；严重污染的样品或含有难挥发性组分的样品，常常需要很长的吹扫时间才能完全收集；热解吸是一种非常灵敏的技术，所以常常用来测定小体积样品，但是，值得关切的问题是样品的代表性，特别是应用于庞大的样品样本时；此外，除了热解吸装置本身费用较高，冷捕集和二次冷聚焦过程增加了样品处理的时间和费用。

二、直接热解吸

通过与 GC 联用和加热固体样品来实现前处理的方法已得到广泛应用，其中包括热解吸和顶空分析等。热解吸技术最典型的应用领域是对地质样品的分析，聚合物的性能分析以及土壤污染的分析等，而直接热解吸技术（DTD）就是实现这类分析的主要技术之一。

近年来，分析人员越来越注重气、液相色谱分析的自动进样技术的发展，因为对于某些天然的固体样品，如岩石、木材、塑料等，很难进行自动进样热解吸-气相分析。随着分析技术的发展，出现一种先进的仪器可实现上述操作。第一步，将样品放入体积较大的解吸管中，然后将解吸管置于解吸单元（解吸加热炉）加热，高速载气气流将解吸下来的分析物通过高温传输线转移至 GC 的进样口中。该进样口是 PTV 进样口（程序升温汽化进样口），内有衬管，衬管内填充 Tenax 或类似吸附剂。第二步，在 PTV 进样口中，待分析物通过冷阱技术被二次聚焦在衬管内，然后快速加热进样口，解吸出的分析物进入色谱分析得到窄带色谱峰，完成整个解吸分析过程。这套 DTD 系统存在着缺点，因为进样量受到限制，而且需要经过复杂的两步解吸，还包括载气高速吹脱和通过加热传输线对接接口两步，显然，这样很容易造成样品损失。

为解决上述问题，研究人员对直接热解吸技术进行了改进，并使直接热解吸技术实现自动化，荷兰 FOCUS 公司研制的多功能自动化样品前处理及多模式进样系统就具有自动热解吸功能。以下对 FOCUS 的自动热解吸技术做简要介绍。

（一）自动 DTD 装置

FOCUS 样品自动前处理系统是一套多功能系统（CONCEPT），可与 GC 或 GCMS 联机分析样品。该系统配有自动机械臂 XYZ，机械臂内装有自动注射器，此外，还配有样品盘（用于放置装有样品、溶剂和试剂的小瓶）、进样针清洗站（syringe wash station）及带加热功能的混合振荡器。用户可通过控制模板和 PC 软件设定程序来完成整个样品前处理和色谱分析过程。该系统可实现包括 DTD 在内的多种样品前处理功能，其分析定量结果优于手动或其他直接热解吸技术。

　　FOCUS 的自动热解吸功能是建立在 PTV 进样口技术和衬管技术基础上的，而该技术首要解决的问题就是要实现衬管的自动更换。FOCUS 自动样品前处理系统安装了一种先进的进样头（injector head），它可以对 OPTIC 进样口（PTV）接口进行开关控制。通过进样头可实现自动更换一种具有特殊专利的 SepLiner 衬管。在分析开始时，系统先将进样头打开，然后机械臂 XYZ 将衬管（填装有待解吸的样品）从样品盘中提起（此时衬管是密封的，配有磁性密封帽），自动插入到 GC 的 OPTIC 进样口中。插入衬管后，进样头随之自动关闭。最后，OPTIC 程序升温加热，衬管进行热解吸，载气吹扫衬管，同时启动 GC，解吸后的分析物直接进入色谱柱实现色谱分析。这种方法的优点在于只使用 PTV，无加热的传输线且载气流速低，适于 GC 柱分离条件。该套系统适用于固体样品、富集后的气样及复杂样品的热解吸分析，进样头带有一根针，与载气系统相连接。当进样头关闭时，针向下扎入透过白色衬管隔垫，使载气形成通路，可以吹脱解吸出来的待分析组分进入色谱。当进样头打开时，通过位于进样口与柱子相连接部分的 T 型接口阀，载气气路能重新改回与进样口底部相连的气路，这样既可以阻止空气进入色谱柱，又可产生一股反吹的载气穿过整个进样口，达到净化进样口的目的。

　　安装进样头时，需先将原来进样接口的安装铜板松开，移开其上部的所有部件，包括载气管线、隔垫等，然后将新进样头的安装铜板拧紧，通过一个气压缸进行开关控制。

　　该系统具有良好的密封性，SepLiner 衬管磁性帽内的隔垫能防止载气泄漏，如果 SepLiner 密封帽没有密封好，进样头也具有密封作用，可以确保整个分析过程无泄漏。

（二）SepLiner 衬管

　　自动 DTD 技术所用的衬管是具有特殊功能和专利技术的 SepLiner 衬管。SepLiner 是可以密封的玻璃衬管，该衬管符合 OPTIC 进样口标准，经熔融去活，内有玻璃填料（frit）且尺寸相同，可填充 Tenax 等吸附剂，其顶端设计成封紧的，类似于小型的自动液体进样瓶。如图 4-10-2 所示，是新型的 SepLiner 衬管结构示意图。

衬管螺帽直径 11 mm，是磁性材料，便于机械臂移取。分析前按要求将样品装入衬管，放置在样品盘上。分析时，系统机械臂将 SepLiner 从样品盘移出，然后将其插入 GC 的进样口中，通过程序控制进行色谱分析。如果样品基质会严重污染分析系统或损坏衬管，则系统无法连续分析样品，此时可以将特种微型的 μ-vial（一种细小的微型玻璃管）放在 SepLiner 衬管内的玻璃填料上，当更换衬管时，只要将衬管密封帽打开，重新换一支干净的 μ-vial 后，不必费时费力地清洗衬管，衬管就可以重新备用，从而恢复连续分析功能。

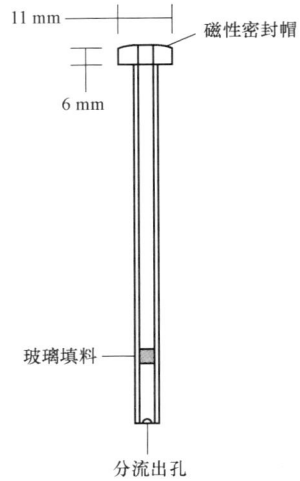

图 4-10-2　SepLiner 衬管结构示意图

　　这种新型衬管更换系统是基于 FOCUS 自动前处理系统而建立的，它是实现 DTD-GCMS 对固体样和富集样进行完全自动化分析的极具发展前景的方法。插入 μ-vial，对于成分复杂样品和需衍生化样品的分析也是非常有用的，既可以实现衬管的自动更换，又可以实现 100 位的进样自动化，说明该系统功能强大，操作方便。这种衬管自动更换系统被认为是在 GC 样品前处理技术上的突破，它将进一步拓宽 PTV-GC 的应用范围。在今后的研究中，这种技术会被广泛地应用于分析难处理的样品。

第十一节　超临界流体萃取

　　超临界流体萃取（Supereritieal Fluidextraetion Extraction，SFE）又称为气体萃取或稠密气体萃取。超临界流体（Supereritieal Fluidextraetion，SF）既不是气体也不是液体，它是物质在临界点上的一种状态。SF 是指略超过或接近物质的临界温度和临界压力的流体，它的密度、黏度、扩散系数等物理性质与气体相似，而其又兼有与液体相近的特性，是处于气态和液态之间的中间状态的物质。SF 兼有液体和气体的优点，具有良好的溶解特性和传质特性。溶质在 SF 中的分配平衡与萃取动力学、SF 的黏度和扩散系数有关。如表 4-11-1 所示，列出了 SF、气体和液体的传递性质。

表 4-11-1　SF、气体和液体的传递性质的比较

物理性质	气体（常温、常压）	SF	液体（常温、常压）
密度/（g/cm³）	（0.6～2.0）×10⁻³	0.2～0.9	0.6～1.6
扩散系数/（cm²/s）	0.1～0.4	（0.2～0.7）×10⁻²	（0.2～2.0）×10⁻³
黏度/（10⁻³ Pa·s）	（1～3）×10⁻²	（1～9）×10⁻²	0.2～3.0

由表 4-11-1 可知，SF 的密度和液体相近，这就使得它具有像液体溶剂一样溶解其他物质的能力；同时 SF 的黏度和气体相近，而扩散系数要比液体大 100 倍左右，这使 SFE 传质过程较液-液萃取更加有效。这些性质决定了 SFE 较常规的液体萃取的压力要低，完成传质、达到平衡更快，分离效果更好。

一、SF 溶解能力的影响因素

（一）压力对 SF 溶解能力的影响

SF 对物质的溶解能力受压力影响，因此只需调整萃取剂流体的压力，就可以按照不同组分在流体中溶解度的大小依次萃取分离出来。在一定温度下，在较低的压力下溶解度大的组分会首先被萃取分离出来。此时有利于对极性较小的待测物进行萃取；压力较高时，有利于萃取极性较大和分子量较大的待测物。

（二）温度对 SF 溶解能力的影响

温度的变化也会引起 SFE 能力的改变，萃取剂的密度与溶质的蒸气压会随着温度的变化而变化。在低温区（但仍在临界温度以上），温度升高流体密度降低，而溶质的蒸气压增加不多，因此萃取剂的溶解能力降低。升温可以使溶质从流体萃取剂中析出，温度进一步升高到高温时，虽然萃取剂密度进一步降低，但对溶质蒸气压迅速增加起到了主要作用，因而挥发度提高，萃取率反而有增大的趋势。

由此，依据 SF 的这种性质，可根据需要萃取的目标物，来调节萃取的压力和温度，从而实现在不同压力下萃取不同类别的化合物的目的。液体溶剂萃取微量有机物质后需进一步浓缩方可分析。而一般情况下，SF 是以气态存在的，用 SFE 法萃取后，样品容易浓缩，且可方便地与色谱技术联用。

由于大部分 SF 是惰性的、高纯、无毒，且价廉。因此，采用 SFE 法，可在低温下萃取热不稳定性的化合物，且不必担心中毒和环境污染问题。

二、SF 的选择性

为达到分离和去除杂质的目的，SFE 溶剂必须具有良好的选择性。萃取气体的临界温度越接近于操作温度，其溶解度越大；超临界温度相同的气体，其化学性质与溶质的化学性质也相似，溶解能力较好，因此，应选择 SF 的化学性质和待分离溶质的化学性质接近的气体，当然也可以选择混合气体作为萃取气体，进行选择性萃取。但实际操作中，要考虑的条件还有萃取气体的性质、价格、工艺要求等。表 4-11-2 对一些 SFE 溶剂的流体临界性质进行了对比。

表 4-11-2　部分 SFE 溶剂的流体临界性质

液体名称	临界温度/ ℃	临界压力/MPa
二氧化碳	31.1	7.38
乙烷	32.3	4.88
丙烷	96.9	4.26
丁烷	152	3.8
戊烷	296.7	3.38
乙烯	9.9	5.12
丙烯	91.8	5.04
二氧化硫	157.6	7.88
水	374.3	22.11
氧化亚氮	36.5	7.17
氨	132.4	11.28
异丙醇	235.2	4.76
氟利昂 11	198.1	4.41
氟利昂 13	28.8	3.9

根据萃取对象的不同，SF 的选择也不尽相同，通常要首先考虑临界条件较低的物质。

如表 4-11-2 所示，常用的萃取剂的临界值中水的临界值最高，因此实际应用中使用最少。而二氧化碳临界值相对较低，且接近于室温，使用中可节省能耗；同时，二氧化碳具有化学惰性，无味、无毒、不可燃、不会有二次污染、廉价易得等优点，因而被广泛应用。另外二氧化碳沸点低，便于从萃取后的馏分中除去，后处理较为简单，特别是无须加热，因此适合于萃取热不稳定的化合物。由此可见，二氧化碳是 SF 技术中最常用的溶剂。但是，低极性的二氧化碳只能用于萃取低极性和非极性的化合物，对于极性较大的化合物，通常使用具有一定的极性、溶解性能好的氨或氧化亚氮作为 SFE 剂。然而氨易与其他物质反应，对设备腐蚀严重，氧化亚氮有毒，低烃类物质可燃易爆，不如二氧化碳使用广泛。

因此选择作为萃取的 SF 应满足化学性稳定，临界温度要接近室温，操作温度应低于被萃取溶质的分解温度或变质温度，选择性要好，溶解度要高、易得、价廉。

三、超临界流体萃取应用

SFE 技术因具有高效、快速等特点，在诸多领域中都得到了广泛的应用。它的应用范围如下。

（一）化学工业

制备液体燃料、油料脱沥青、烯烃齐聚、烃类异构化、烷基化反应、费-托合成、甲苯脱氢、甲醇合成、低碳醇的合成、加氢反应等。

（二）医药工业

酶、维生素等的精制，动植物体内药物成分的萃取，医药品原料的浓缩、精制，糖类与蛋白质的分离以及脱溶剂脂肪类混合物的分离精制等。

（三）食品工业

茶叶、咖啡豆脱咖啡因，酒花有效成分的提取，植物色素的萃取，食品脱脂，植物及动物油脂的萃取等。

（四）环保工业

废水、废液或固体废弃物处理，燃料脱硫，环境监测及污染物分析等。

（五）材料工业

金属材料、高分子材料的制备，无机材料和有机材料的制备等。

除此以外，SFE 技术还被广泛应用于其他领域中。例如，在化妆品工业中，SFE 技术主要用于天然香料的萃取，合成香料的分离精制，化妆品原料的萃取、精制化妆品工业等；在天然香料研究方面，SFE 可以应用于从玫瑰花、桂花、茉莉花中萃取香精油，从薄荷原油中萃取薄荷醇等；SFE 技术可以用于烟叶的脱尼古丁等领域。

第五章　环境中微生物检测的前处理技术

本章主要介绍环境中微生物检测的前处理技术，包括微生物培养工具的清洁、微生物消毒灭菌、培养基的选择与配置、样品稀释、接种与培养。

第一节　微生物培养工具的清洁

一、器皿的清洗

常见的器皿清洗方法有两种：一是机械清洗方法，即用刷、铲、刮等方式清洗；二是化学清洗方法，即通过选择合适的清洗剂去除器皿上的污垢，具体的清洗方法要依据污垢附着表面的状况及污垢的性质决定。对于微生物实验室带菌的玻璃器皿，洗涤之前还要根据情况进行消毒或灭菌处理。

（一）新器皿的洗涤

（1）新购的玻璃器皿由于含有游离碱，因此不宜直接使用，应用 2%的盐酸或铬酸洗液浸泡一夜；用自来水冲洗干净后，再用蒸馏水冲洗 2～3 次沥干；也可用肥皂水煮 30～60 min，用自来水洗净后再用蒸馏水冲洗 2～3 次，烘干备用。

（2）新购的橡胶塞含有大量滑石粉，因此需先用自来水洗净，再用 2%的氢氧化钠溶液加热煮滤 10～20 min，去除硅胶上的蛋白质，再用 5%的盐酸浸泡 30 min 后，洗净、晾干、备用。

（3）新购的玻片（载玻片和盖玻片），可在肥皂水或 2%的盐酸-乙醇溶液中浸泡 1 h 后取出，用自来水洗净，蒸馏水冲洗，软布擦干置于干净盒内备用。

（4）新购的移液管、导管，可先在 5%盐酸溶液中浸泡 1 h，然后用自来水冲洗 2～3 次，最后用蒸馏水冲洗 2～3 次，烘干备用。

（二）使用后器皿的洗涤

（1）常用的玻璃器皿（锥形瓶、三角瓶、烧杯、试管、培养皿等）：用洗衣粉或去污粉配制成洗涤剂，再用毛刷蘸取洗涤剂来刷洗玻璃器皿，以洗去灰尘、油污、无机盐等物质，然后用自来水冲洗至水滴不挂壁或者没有油斑为止，最后用蒸馏水冲洗 2～3 次，烘干备用。

（2）含油脂的玻璃器皿：需先经过高压蒸汽灭菌，趁热倒出污物，在 100 ℃干燥箱内烘烤 0.5 h 后放入 5%的氢氧化钠溶液中煮沸去脂，再进行常规洗涤。

（3）含有琼脂培养基的玻璃器皿：先用小刀、镊子或玻璃棒将器皿中的琼脂培养基刮下。如果琼脂培养基已经干燥，可将器皿放在少量水中煮沸，使琼脂熔化后趁热倒出，最后用水洗涤，并用刷子蘸取洗涤剂擦洗内壁，最后用清水冲洗干净。

（4）带有香柏油的载玻片或盖玻片：用皱纹纸擦拭后在肥皂水中煮沸 5～20 min，稍冷后趁热用软布或脱脂棉擦拭，冲洗后在稀洗涤剂中浸泡 0.5～2 h，再次冲洗。晾干后浸入滴有少量盐酸的 95%乙醇中保存备用。

（5）使用过后的移液管、导管、吸管：用自来水洗去残液后，放在洗涤剂（洗衣粉水）中浸泡 1 h，再用自来水冲洗至管内壁无残渣，最后用蒸馏水冲洗 2～3 次，晾干后备用。

（6）带菌玻璃器皿：先通过高压蒸汽灭菌锅灭菌，趁热倒出培养基，再用洗涤剂清洗 1～2 次后，洗净烘干备用。

（7）检查过活菌的载玻片或盖玻片：需放入 2%来苏尔溶液或 0.25%苯扎溴铵溶液在消毒液中浸泡 24 h，再用自来水冲洗；浸入滴有少量盐酸的 95%乙醇，保存备用，临用时取出。清洁的玻片应表面光滑无杂物，水滴在玻片上能均匀扩散而不成水珠。

（三）器皿的干燥

1. 晾干

并非急用的、要求一般干燥的器皿，可在纯水测洗后，在无尘处倒置晾干水分。可用安有斜木钉的架子和带有透气孔的玻璃柜放置器皿。

2. 烘干

若急需使用，可将洗净的器皿控去水分，放在电烘箱中烘干，烘箱温度为105～120 ℃，烘1 h左右；也可放在红外灯干燥箱中烘干。称量用的称量瓶等烘干后要放在干燥器中冷却和保存；带实心玻璃塞的厚壁器皿烘干时要注意慢慢升温并且温度不可过高，以免烘裂；量器不可放于烘箱中烘干。硬质试管可用酒精灯烘干，要从底部烘起，保证试管口向下，以免水珠倒流把试管炸裂。烘到无水球时，把试管口向上赶净水汽。

3. 热（冷）风吹干

对于急用但是又不适合放入烘箱的器皿可用吹干的办法。通常用少量乙醇、丙酮（或最后再用乙醚）倒入已控去水分的器皿中摇洗、控净溶剂（溶剂要回收），然后用电吹风吹。首先用冷风吹1～2 min，当大部分溶剂挥发后，吹入热风至完全干燥；再用冷风吹残余的蒸汽，使其不再冷凝在器皿内。此法要求通风好，防止中毒；不可接触明火，以防有机溶剂爆炸。

（四）器皿的保存

微生物实验室所用的器皿，大多数要进行消毒以及灭菌。灭菌后的器皿尽量放置在缓冲间、无菌操作间，或者可以辟出一块区域，表明是灭菌器皿存放处，最长不要超过两周。另外，对于消毒灭菌后的器皿要分类别进行存放，方便取用。

二、注意事项

（1）新购置的洗涤剂，可能含有抑制或促进细菌生长的化学物质，会影响洗涤质量，在使用前需进行洗涤效果检查。

（2）玻璃器皿投入洗涤剂前，应尽量干燥，避免稀释洗涤剂。

（3）对于进行过微生物实验的器皿，尤其是培养致病菌的器皿，一般都应先高压灭菌再进行洗涤。

（4）使用过的器皿应立即洗涤，放置时间太久会增加洗涤难度。

（5）任何一种洗涤方法，都不能对玻璃器皿有损伤，不能使用有腐蚀作用的洗涤剂。

第二节 微生物消毒灭菌

消毒是指杀死大多数微生物但不一定能杀死细菌芽孢的措施。灭菌是指采用强烈的理化因素使任何物体内外部的一切微生物永远丧失其生长繁殖能力的措施。消毒和灭菌常用的方法有化学试剂灭菌、射线灭菌、干热灭菌、湿热灭菌和过滤除菌等。可根据不同的需求,采用不同的方法,如培养基灭菌一般采用湿热灭菌,空气则采用过滤除菌[①]。

消毒和灭菌的彻底程度受灭菌时间与灭菌剂强度的制约。微生物对灭菌剂的抵抗力取决于原始存在的群体密度、菌种或环境赋予菌种的抵抗力。灭菌是获得纯培养的必要条件,也是食品工业和医药领域中必需的技术。

微生物实验室是进行微生物研究的场所,对环境要求很高。严格的消毒灭菌不仅为实验研究的顺利进行提供了保障,同时也为实验室工作人员提供了一个清洁良好的工作环境。使用最多的消毒灭菌方法就是物理方法和化学方法。

一、物理消毒灭菌法

物理消毒灭菌法是利用物理因素作用于病原微生物将之杀灭或清除的方法。物理因素按其在消毒灭菌中的作用可分为 5 类。

(1) 具有良好灭菌作用的,如热力、微波、红外线、电离辐射等,它们杀灭微生物的能力很强,可达灭菌要求。

(2) 具有一定消毒作用的,如紫外线、超声波等,可杀灭绝大部分微生物。

(3) 具有自然净化作用的,如寒冷、冰冻、干燥等,它们杀灭微生物的能力有限。

(4) 具有除菌作用的,如机械清除、通风与过滤除菌等,可将微生物从传染媒介物上去掉。

(5) 具有辅助作用的,如真空、磁力、压力等,虽对微生物无伤害作用,但能为杀灭、抑制或清除微生物创造有利条件。

最常用的是热消毒灭菌法和紫外线消毒法。

---

① 黄孟军,姜玉松,陈泉洲. 微生物学实验 [M]. 北京:冶金工业出版社,2020.

（一）热消毒灭菌法

热消毒灭菌是指用加热的方法使微生物体内蛋白质凝固，酶失活，致使微生物死亡。热消毒灭菌法具有简便、经济、效果可靠等优点，已广泛用于卫生防疫、医院消毒、环境保护、食品、制药工业及废弃物处理等，其可分为干热灭菌和湿热灭菌两类。

1. 干热灭菌法

干热灭菌法是指在干燥环境（如火焰或干热空气）下进行灭菌的技术。一般有火焰灭菌法和干热空气灭菌法。该法适用于耐高温的玻璃和金属制品以及不允许湿热气体穿透的油脂（如油性软膏机制、注射用油等）和耐高温的粉末化学药品的灭菌，不适合橡胶、塑料及大部分药品的灭菌。

在干热状态下，由于热穿透力较差，微生物的耐热性较强，必须长时间受高温的作用才能达到灭菌的目的。因此，干热空气灭菌法采用的温度一般比湿热灭菌法高。

干热灭菌主要分为以下几种方法。

（1）焚烧法

焚烧法是一种简单、迅速、彻底的灭菌方法。主要用于有传染性的废弃物处理，如接触传染源的敷料、衣物、食物、疫源地垃圾等。操作时应注意以下几点。

① 注意安全,远离易燃易爆物品。不可在火焰未熄灭时离开或添加乙醇，不能在木板或木架上燃烧。

② 贵重器械及锐利刀剪禁用燃烧法灭菌。

③ 不得将引燃物置于灭菌的容器中。

（2）烧灼法（也称作灼烧法）

烧灼灭菌是利用酒精灯或煤气灯火焰杀灭微生物的一种方法。一般适用于微生物实验室小件耐热物品的灭菌，如接种棒、剪刀、镊子和试管等。操作时应注意以下几点。

① 将器材放在操作者与火焰相隔的彼方，并逐渐靠近火焰，防止污染物突然进入火焰而发生爆炸，以致污染周围环境。

② 燃烧过程不得添加乙醇，以免引起火焰上升而灼伤操作者。

③ 锐利刀剪不宜用灼烧法灭菌。

（3）干烤法

干烤法用电热、电磁辐射线等依靠空气传导加热物体，因而加热过程较慢。干烤主要用于耐高热物品消毒或灭菌，如玻璃器材、金属器械、油脂、粉剂等。一般情况下，加热至 160 ℃保持 2 h、170 ℃保持 1 h 或 180 ℃保持 30 min 均可达到灭菌效果。操作时应注意以下几点。

① 灭菌前先将物品清洗干净，玻璃器皿需要干净。

② 物品包装不超过 10 cm×10 cm×20 cm；放置物品时，不得与烤箱底部和四壁接触；物品的量不超过烤箱的 2/3。

③ 灭菌过程中不要开干烤灭菌器，以防玻璃类器皿骤冷碎裂。

④ 有机物灭菌时，温度不超过 170 ℃，以防碳化。

⑤ 橡胶制品和纤维织物不适用干烤法。

⑥ 易燃、易爆、易挥发及含有腐蚀性的物品禁止放入干烤灭菌器。

⑦ 干烤灭菌器工作时，禁止触摸箱门以及观察窗，以免烫伤。

⑧ 不得将手或物件随意插入进风或出风口。

⑨ 干烤灭菌器出现故障，务必请专业人员进行维修。

（4）红外线消毒

红外线消毒的原理是利用高温灭活微生物。120 ℃以上的温度可直接让细菌细胞内的蛋白质发生病变导致细菌死亡，进而达到消毒的作用。在实际应用中，应注意待消毒物品的摆放，避免相互遮藏；同批待消毒物品的色泽选择较相近为宜，以保证消毒效果。

（5）微波消毒

微波为一种电磁波，在高频交流电场中，物品内的极性分子发生极化进行高速运动，并频繁改变方向，相互摩擦，使温度迅速升高而达到杀菌目的。常用于消毒的频率为 915 MHz 与 2 450 MHx。一般含水的物质对微波有明显的吸收作用，升温迅速，消毒效果好，并且微波消毒菌谱广，可杀灭各种微生物。例如，微波照射 5 min 之内可完全灭活乙型肝炎病毒、艾滋病病毒和其他病毒；微波照射 5～15 min 可将金属及其他物体表面上的细菌芽孢全部杀灭。

微波消毒的优点：加热速度快，里外可同时加热，达到消毒的温度相对较低、不污染环境、不留残毒等。

2. 湿热灭菌法

湿热灭菌法是指用饱和水蒸气、沸水或流通蒸汽进行灭菌的方法，由于蒸汽潜热大，穿透力强，容易使蛋白质变性或凝固。所以该法的灭菌效率比干热灭菌法高，是药物制剂生产过程中最常用的灭菌方法。湿热灭菌法可分为煮沸消毒法、巴氏消毒法、高压蒸汽灭菌法、流通蒸汽消毒法和间歇蒸汽灭菌法。

（1）煮沸消毒法

将水煮沸至 100 ℃，保持 5～10 min 可杀灭繁殖体，保持 1～3 h 可杀灭部分芽孢。在水中加入碳酸氢钠至 1%～2% 浓度时，水的沸点可达 105 ℃，能增强杀菌作用，还可去污防锈。此法适用于不怕潮湿耐高温的搪瓷、金属、玻璃、橡胶类物品。操作时应注意：煮沸消毒的器械必须完全泡在水中，不可露出水面，锅底要放纱布以防止震动；煮沸时盖好锅盖，保持沸点，灭菌时间从煮沸之后算起，中途加入其他物品应重新计时；玻璃器皿可先放入冷水中，逐渐加热至沸，以防破裂；丝线及橡胶类制品在煮沸后加入，保持 10～15 min，以免加速其变质老化；煮沸器械时，必须将器械上的油污擦净；器械的咬合部位应张开，使之能与沸水接触；锐利器械最好不要用煮沸法消毒，以免变钝；放入物品应不超过容量的 3/4；消毒对象之间保留一定空隙，便于水的对流，以确保消毒效果；水沸后开始计时，若中途加入物品，应从再次水沸后重新计时；海拔每增高 300 m，消毒时间延长 2 min；对可造成交叉污染的物品，必须单独进行消毒。

（2）流通蒸汽消毒法

流通蒸汽消毒法是指在常压条件下，采用 100 ℃流通蒸气加热杀灭微生物的方法，灭菌时间通常为 30～60 min。该法不能保证杀灭所有细菌芽孢和霉菌孢子，适用于不耐高热的制剂和橡胶制物品、金属制物品、纤维制物品的消毒。

（3）间歇灭菌法

间歇灭菌法主要用于某些畏热培养基的灭菌。其具体方法为：根据被灭菌物品的耐热程度将其置于间歇灭菌器内，加热至 80～100 ℃，维持 30～60 mim，此时物品上的细菌繁殖体可被杀灭。此后放入恒温箱，在 37 ℃左右维持 18～20 h。然后，重复上述处理 3 次，使细菌芽孢复苏为繁殖体而被杀灭，全过程可将物品上污染的细菌全部杀灭。

（4）巴氏消毒法

巴氏消毒法是以较低温度杀灭液体中的病原菌，而液体中不耐热物质不受损失的一种消毒方法。主要用于血清、疫苗、牛奶消毒。消毒时将其加热至 56～65 ℃，持续 30～60 min，可杀灭细菌繁殖体。但在处理牛奶过程中发现此温度不足以杀灭牛结核分枝杆菌后改为 62.8～65.6 ℃，持续 30 min。在工业生产中，灭菌条件也可变为 71.7 ℃，持续 15 min。

（5）高压蒸汽灭菌法

高压蒸汽灭菌法是用高温加高压灭菌，不仅可杀死一般的细菌、真菌等微生物，对芽孢、孢子也有杀灭效果，是最可靠、应用最普遍的物理灭菌法。主要用于能耐 120 ℃ 左右高温的物品，如培养基、金属器械、玻璃、搪瓷、敷料、橡胶。

（二）紫外线消毒法

紫外线属低能量电磁波，是一种不可见光，杀菌波长范围为 200～270 mm，杀菌中心波长为 253.7 nm。紫外线具有强大的杀菌能力，可杀灭各种微生物。直接照射可引起细菌细胞内蛋白与酶变性，使核酸中的胸啶咦形成二聚体，致使其死亡。但是有些微生物对紫外线具有抗性，其中以真菌孢子为最强，细菌芽孢次之，繁殖体为最敏感。但也有少数例外，如藤黄八叠球菌对紫外线的抗性比枯草杆菌芽孢还强。紫外线穿透力极弱，遇到障碍物，照射强度可明显减弱，空气中水分组成（包括有机质和无机盐）以及含量也可影响其穿透力，紫外线在水中的穿透力随水层厚度增加而降低；紫外线的照射强度与照射距离平方成反比。因而照射距离越大，照射强度越弱。

紫外线消毒时，应注意消毒环境的温度，适宜于 20～40 ℃，可发挥其最佳杀菌作用；紫外线灯管应定期清洁，防止尘埃沉积；同时注意个人防护，避免紫外线直接照射。

二、化学消毒灭菌法

化学消毒灭菌法是利用化学药物渗透到微生物体内，破坏微生物细胞膜结构，改变其通透性，使微生物裂解死亡；或使菌体蛋白凝固，酶蛋白失去活性，从而导致微生物代谢障碍，以此来杀灭病原微生物。化学消毒灭菌法使用广泛，凡是不适用于热力消毒灭菌和不怕潮湿的物品都可以选用此种方法。

（一）化学消毒剂的种类

1. 灭菌剂

可杀灭一切微生物，包括细菌芽孢，使物品达到灭菌要求的制剂，如戊二醛、环氧乙烷等。

2. 高效消毒剂

可杀灭一切细菌繁殖体，对细菌芽孢有显著杀灭作用的制剂，如过氧化氢、过氧乙酸、部分含氯消毒剂等。

3. 中效消毒剂

仅可杀灭分枝杆菌、细菌繁殖体、真菌、病毒等微生物，达到消毒要求的制剂，如醇类（乙醇最适宜杀菌的浓度是 70%～75%）、碘类、部分含氯消毒剂等。

4. 低效消毒剂

仅可杀灭细菌繁殖体和亲脂病毒，达到消毒要求的制剂，如酚类、胍类、季铵盐类消毒剂等。

（二）常用化学消毒剂

（1）2%戊二醛

浸泡精密仪器如纤维内镜，使用前加入 0.5%亚硝酸钠水溶液，可防锈。

（2）环氧乙烷

常用于医疗器械、书本、棉橡胶制品及一次性使用的医疗用品等的消毒。

（3）含氯消毒剂

用 0.2%的消毒剂浸泡被乙肝病毒、结核分枝杆菌污染的物品；可用于擦拭桌椅、墙壁、地面。

（4）过氧化氢溶液

用于冲洗外科伤口。

（5）0.01%～0.1%氯己定溶液

又名洗必泰，用于冲洗膀胱等伤口黏膜创面。

（6）苯扎溴铵溶液

属于阳离子表面活性剂，可用于手、皮肤、黏膜、环境及物品消毒，常采用浸泡、擦拭、喷洒等方式。

第三节　培养基的选择与配置

培养基是指供给微生物、植物、动物（或组织）生长繁殖的，由不同营养物质组合配制而成的营养基质。一般都含有碳水化合物、含氮物质、无机盐（包括微量元素）、维生素和水等几大类物质。培养基既是提供细胞营养和促使细胞增殖的基础物质，也是细胞生长和繁殖的生存环境。

培养基种类很多，根据配制原料的来源可分为自然培养基、合成培养基、半合成培养基；根据物理状态可分为固体培养基、液体培养基、半固体培养基；根据培养功能可分为基础培养基、选择培养基、加富培养基、鉴别培养基等；根据使用范围可分为细菌培养基、放线菌培养基、酵母菌培养基、真菌培养基等。培养基配成后一般需测试并调节 pH，还需进行灭菌，通常分为高温灭菌和过滤灭菌。培养基由于富含营养物质，易被污染或变质，配好后不宜久置，最好现配现用。

一、培养基的组成

（一）碳源

碳源是组成培养基的主要成分之一。常用的碳源有糖类、油脂、有机酸和低碳醇。在特殊情况下（如碳源贫乏时），蛋白质水解产物或氨基酸等也可被某些菌种作为碳源使用。

葡萄糖是碳源中最易利用的可以加速微生物生长的糖，常作为培养基的一种主要成分。但是过多的葡萄糖会过分加速菌体的呼吸，以致培养基中的溶解氧不能满足需要，使一些中间代谢物不能完全氧化而积累在菌体或培养基中，如丙酮酸、乳酸、乙酸等。它们可以导致培养基 pH 值下降，影响某些酶的活性，从而抑制微生物的生长和产物的合成。

（二）氮源

氮源主要用于构成菌体细胞物质（氨基酸、蛋白质、核酸等）和含氮代谢物。常用的氮源可分为两大类：有机氮源和无机氮源。

1. 有机氮源

常用的有机氮源有玉米浆、玉米蛋白粉、蛋白胨、酵母粉和酒糟等。它们在微生物分泌的蛋白酶作用下，水解成氨基酸，被菌体吸收后再进一步分解代谢。

有机氮源除含有丰富的蛋白质、多肽和游离氨基酸外，往往还含有少量的糖类、脂肪、无机盐、维生素及某些生长因子，因而微生物在含有机氮源的培养基中常表现出生长旺盛、菌丝浓度增长迅速的特点。大多数发酵工业都借助于有机氮源，来获得所需氨基酸。玉米浆是一种很容易被微生物利用的良好氮源，因为它含有丰富的氨基酸（丙氨酸、赖氨酸、谷氨酸、缬氨酸、苯丙氨酸等）、还原糖、磷、微量元素和生长素。玉米浆是玉米淀粉生产中的副产物，其中固体物含量在50%左右，还含有较多的有机酸，如乳酸等，所以玉米浆的pH在4左右。

2. 无机氮源

常用的无机氮源有铵盐、硝酸盐和氨水等。微生物对它们的吸收利用一般比有机氮源快，所以也称为迅速利用的氮源。但无机氮源的迅速利用常会引起培养基pH的变化。

氨水在发酵中除可以调节pH外，也是一种容易被利用的氮源，在许多抗生素的生产中得到普遍使用。氨水碱性较强，因此使用时要在不断搅拌下，少量多次地加入，以防止局部过碱。

3. 无机盐

微生物在生长繁殖和生产过程中，需要某些无机盐和微量元素，如磷、镁、硫、钾、钠、铁、氯、锰、锌、钙等，以作为其生理活性物质的组成或生理活性作用的调节物，这些物质一般在低浓度时对微生物生长和产物合成有促进作用，在高浓度时常表现出明显的抑制作用。

在培养基中，镁、磷、钾、硫、钙和氯等常以盐的形式（如硫酸镁、磷酸氢二钾、碳酸钙、氯化钾等）加入，而缺少钴、铜、铁、锰、锌、钼等微量元素，对微生物生长固然不利，但因其需要量很少，除了合成培养基外，一般在复合培养基中不再另外单独加入。

（1）磷

磷是核酸和蛋白质的必要成分，在代谢途径的调节方面，磷起着很重要的作用。适量的磷有利于糖代谢的进行，促进微生物的生长；过量的磷会抑制培养基中许多产物的合成。

（2）镁

镁除了组成某些细胞的叶绿素外，并不参与任何细胞物质的组成。但它处于离子状态时，是许多重要醇（如己糖磷酸化酶、柠檬酸脱氢酶、羧化酶等）的激活剂，不但影响基质的氧化，还影响蛋白质的合成。镁常以硫酸镁的形式加入培养基中。

（3）氯

氯离子一般不作为微生物的营养物质。但对一些嗜盐菌来讲是必需的。在一些产生含氯代谢物的发酵培养基中，除了从其他天然原料和水中带入的氧离子，还需加入约 0.1%氯化钾以补充氯离子。

（4）钠、钾、钙

钠、钾、钙等离子虽不参与细胞的组成，但仍是微生物发酵培养基的必要成分。钠、钾离子与维持细胞渗透压有关，故在培养基中常加入少量钠盐、钾盐，但用量不能过高，否则会影响微生物生长。钙离子能控制细胞透性，并且作为某些辅酶的必要组分参与微生物细胞代谢。

二、培养基的种类及应用

微生物种类不同，需要的营养物质不同，同一种微生物，培养或研究目的不同，配制的培养基也不同。

（一）根据培养基的成分分类

1. 天然培养基

天然培养基是指一类利用动、植物或微生物体，包括用其提取物制成的培养基，这是一类营养成分既复杂又丰富、难以说出其确切化学组成的培养基。例如，牛肉膏蛋白胨培养基。

天然培养基的优点是营养丰富、种类多样、配制方便、价格低廉；缺点是化学成分不清楚、不稳定。因此，这类培养基只适用于一般实验室中的菌种培养、发酵工业中生产菌种的培养和某些发酵产物的生产等。

常见的天然培养基成分有：麦芽汁、肉浸汁、鱼粉、麸皮、玉米粉、花生饼粉、玉米浆及马铃薯等。实验室中常用牛肉膏、蛋白酶及酵母膏等作为天然培养基。

2. 合成培养基

合成培养基又称组合培养基或综合培养基，是一类按微生物的营养要求精确设计并用多种高纯化学试剂配制成的培养基。例如，高氏 1 号培养基、察氏培养基等。

合成培养基的优点是成分精确、重演性高；缺点是价格较贵，配制麻烦，且微生物生长一般。因此，合成培养基通常用于营养、代谢、生理、生化、遗传、育种、菌种鉴定或生物测定等对定量要求较高的研究工作中。

3. 半合成培养基

半合成培养基又称半组合培养基，指一类主要以化学试剂配制，同时还加有某种或某些天然成分的培养基。例如，培养真菌的马铃薯蔗糖培养基等。

含有未经特殊处理的琼脂的合成培养基，实质上，是一种半合成培养基。半合成培养基特点是配制方便，成本低，微生物生长良好。发酵生产和实验室中常使用半合成培养基。

（二）根据培养基的物理状态分类

1. 液体培养基

呈液体状态的培养基为液体培养基，广泛用于微生物学实验和生产中。在实验室中主要用于微生物的生理、代谢研究以及菌体的获取；在发酵生产中常采用液体培养基。

2. 固体培养基

呈固体状态的培养基都称为固体培养基。固体培养基有加入凝固剂后制成的；有直接用天然固体状物质制成的，如培养真菌用的麸皮、大米、玉米粉和马铃薯块培养基；还有在营养基质上覆上滤纸或滤膜等制成的，如用于分离纤维素分解菌的滤纸条培养基。

固体培养基在科学研究和生产实践中具有很多用途，如用于菌种分离、鉴定、菌落计数、检测杂菌、育种、菌种保藏、抗生素等生物活性物质的效价测定及真菌孢子的获取等方面。在食用菌栽培和发酵工业中也常使用固体培养基。

3. 半固体培养基

半固体培养基是指在液体培养基中加入少量凝固剂（如 0.2%～0.5%的琼脂）而制成的半固体状态的培养基。半固体培养基有许多特殊的用途，如可以通过穿刺培养观察细菌的运动能力，进行厌氧菌的培养及菌种保藏等。

4. 脱水培养基

脱水培养基又称脱水商品培养基或预制干燥培养基，指含有除水以外的一切成分的商品培养基，使用时只要加入适量水分并加以灭菌即可，是一类既有精确成分又有使用方便等优点的现代化培养基。

（三）根据培养基的功能分类

1. 基本培养基

基本培养基含有细菌生长繁殖所需的基本营养物质，可供大多数细菌生长。在牛肉浸液中加入适量的蛋白胨、氯化钠、磷酸盐，调节 pH 至 7.2～7.6，经灭菌处理后，即为基础液体培养基；若再加入 0.3%～0.5%的琼脂，则为基础半固体培养基；加入 1%～2%的琼脂，则为基础固体培养基。

牛肉膏蛋白胨培养基就是最常用的基础培养基，它可作为一些特殊培养基的基本成分，再根据某种微生物的特殊要求，在基础培养基中添加所需营养物质。

2. 选择性培养基

选择性培养基是一类根据某种微生物的特殊营养要求或其对某些物理、化学因素的抗性而设计的培养基，具有使混合菌样中的劣势菌变成优势菌的功能，广泛用于菌种筛选等领域。

混合菌样中数量很少的某种微生物，若直接采用平板划线或稀释法进行分离，往往因为数量少而无法获得。

选择性培养的方法主要有两种。

一是利用待分离的微生物对某种营养物的特殊需求而设计的。例如，以纤维素为唯一碳源的培养基可用于分离纤维素分解菌；用液状石蜡来富集分解石油的微生物；用较浓的糖液来富集酵母菌等。

二是利用待分离的微生物对某些物理和化学因素具有抗性而设计的。例如，分离放线菌时，在培养基中加入数滴 10% 的苯酚，可以抑制霉菌和细菌的生长；在分离酵母菌和霉菌的培养基中，添加青霉素、四环素和链霉素等抗生素可以抑制细菌和放线菌的生长；7.5% 的 NaCl 溶液可以抑制大多数细菌，但不抑制葡萄球菌，从而选择培养葡萄球菌；德巴利酵母属中的许多种酵母菌和酱油中的酵母菌能耐 18%～20% 浓度的食盐溶液，而其他酵母菌只能耐受 3%～11% 浓度的食盐溶液，所以，在培养基中加入 15%～20% 浓度的食盐溶液，即构成耐食盐酵母菌的选择性培养基。

3. 鉴别培养基

鉴别培养基是一类在成分中加有能与目的菌的无色代谢产物发生显色反应的指示剂，从而达到只需用肉眼辨别颜色就能方便地从近似菌落中找到目的菌菌落的培养基。最常见的鉴别培养基是曙红亚甲蓝琼脂培养基，即 EMB 培养基。

4. 加富培养基

加富培养基也称营养培养基，即在培养基中加入有利于某种微生物生长繁殖所需的营养物质，使这类微生物的增殖速度比其他微生物快，从而使这类微生物能够在混有多种微生物的情况下占优势地位的培养基。

加富培养基类似选择培养基，两者的区别在于：加富培养基是用来增加所要分离的微生物的数量，使其形成生长优势，从而分离到该种微生物；选择培养基则一般是抑制不需要的微生物的生长，使所需要的微生物增殖，从而达到分离所需微生物的目的。

（四）按照培养微生物的种类分类

包括细菌培养基、放线菌培养基、酵母菌培养基和霉菌培养基等。

（1）常用的细菌培养基有营养肉汤和营养琼脂培养基。

（2）常用的放线菌培养基为高氏 1 号培养基。

（3）常用的酵母菌培养基有马铃薯蔗糖培养基和麦芽汁培养基。

（4）常用的霉菌培养基有马铃薯蔗糖培养基、豆芽汁蔗糖（或葡萄糖，葡萄糖比较昂贵）琼脂培养基和察氏培养基等。

第四节　样品稀释

一、稀释的概念

稀释是指对现有溶液加入更多溶剂而使其浓度减小的过程。稀释后溶液的浓度减小，但溶质的总量保持不变。例如，将 2 mol 的氯化钠溶解在 2 L 的蒸馏水中，氯化钠溶液的摩尔浓度为 1 mol/L，若再向溶液中加入 2 L 的蒸馏水，则氯化钠溶液的摩尔浓度变为 0.5 mol/L，但是溶液中氯化钠的总量仍然为 2 mol。在微生物实验中，稀释可以使每个微生物个体在物理上充分分离，以便在平板培养时可以得到由单个微生物个体生长而来的菌落（否则一个菌落就不只是代表一个细胞）。

二、稀释过程

（一）稀释方法

梯度稀释法，即将待测的样品制成均匀的系列浓度梯度稀释液（如 10^{-1}，10^{-2}，10^{-3}，$10^{-4}\cdots$），再取各个稀释度、同等量的稀释液接种到平板中，使其均匀分布于平板中的培养基内。倒置恒温箱培养后，由单个细胞生长繁殖形成菌落。统计繁殖形成的菌落数目，即可计算出样品中的含菌数。用这种方法计算出的含菌数是培养基上长出来的菌落数，故又称为活菌计数。因为稀释的时候并不确定有没有稀释过度，所以要用不同浓度的稀释液分别做实验进行探究，最后取琼脂平板上出现单个菌落时的浓度进行计数；经过计算，得出菌液含菌量。

分离不同的微生物需要不同的稀释浓度，原因在于原材料中不同微生物本身的密度（个/g）也会不同，密度较大的需要更高的稀释度才能达到分离的目的；同时，不同微生物的生长速度不同，生长较快的微生物需要更高的稀释度，以免菌落面积扩大太快造成菌落之间粘连。

（二）稀释具体操作

（1）以无菌操作取样 25 g（或 25 mL），放于 225 mL 灭菌生理盐水或者其他稀释液的灭菌玻璃瓶内（瓶内预先放有适当数量的玻璃珠）或灭菌乳钵内，经充分擦摇或研磨制成 1:10 的均匀稀释液（固体检样在加进稀释液后，最好置于灭菌均质器中以 8 000～10 000 r/min 的速度处理 1～2 min，制成 1:10 的均匀稀释液）。

（2）用 1 mL 灭菌吸管准确吸取 1 mL 的混匀的 1:10 的稀释液，然后沿管壁慢慢接种到含有 9 mL 生理盐水或者其他稀释液的试管内，盖上试管塞后充分振荡混匀，制成 1:100 的稀释液（在进行连续稀释时，应将吸管内液体沿管壁流进，切勿使吸管尖端伸入稀释液内，以免吸管外部沾附的检液溶解其中，导致实验失败）；为减少稀释误差，《出口食品平板菌落计数》（SN 0168—92）采用的方法为取 10 mL 稀释液，注入 90 mL 缓冲液中。

（3）不断重复该操作，以 10 倍递增稀释液，按需要配制 1:1 000、1:10 000 的稀释液。

（4）为减少样品稀释误差，在连续递增稀释时（原液在前稀释液在后），每一稀释液都应充分振摇，使其混合均匀，同时每一稀释度应更换 1 支 1 mL 灭菌吸管。

（5）不要在稀释剂中吹洗吸管。

另外，需要注意，样液稀释必须加以足够的振摇，确保液体混匀，使形成的菌落能以 10 倍递增或递减。

三、常用稀释剂

大多数微生物适合生长的 pH 范围为 7.2～7.4，但不同种类的微生物具有不同要求的pH，并且同一种类的微生物在不同生长时期的最适pH也不同。原代培养微生物对 pH 的要求较为严苛，传代培养微生物对 pH 的要求较为宽松。通常，微生物对偏酸环境的耐受性要强于偏碱环境。培养过程中，严格控制培养液的 pH，有利于微生物的生长。微生物生长越旺盛，代谢则越活跃，pH 的改变就越迅速。但是，微生物代谢物的滞留会使培养液变酸变黄，不利于微生物的生长。因此，我们通常会在培养液中加入一定量的缓冲液，以保持培养液的 pH 稳定在一个相对的范围内，同时可以作为微生物检验和实验中取样后做一系列稀释的稀释剂使用。下面将介绍几种微生物实验中常用的稀释剂。

（一）平衡盐溶液

平衡盐溶液（Balaneed Salt Sulutisn，BSS）与细胞生长状态下的 pH、渗透压等环境状态一致，具有维持渗透压、控制酸碱平衡、供给微生物生存代谢所必需的能量和无机盐成分等作用，可满足微生物生存并维持一定代谢的基本需要，细胞在平衡盐溶液中可生存几个小时，并且该稀释剂配制简单，成本较低，成为微生物稀释中的常用稀释剂。

（二）磷酸盐缓冲液

磷酸盐缓冲液（PBS）是由磷酸一氢盐和磷酸二氢盐的混合溶液组成的，其中磷酸一氢盐呈现碱性，磷酸二氢盐呈现酸性。当微生物分泌酸性物质时会与磷酸一氢盐反应生成磷酸二氢盐；而当微生物分泌碱性物质时则与磷酸二氢盐反应生成磷酸一氢盐。如此，整个体系的 pH 维持在一个较稳定的范围内。该缓冲液缓冲能力强，成本低，常用于食品行业检验标准。

（三）0.85%生理盐水

0.85%生理盐水能保持细胞内外的渗透压一致，可以避免微生物的细胞壁被破坏而影响微生物的生长和繁殖过程。使细胞维持正常生理平衡，避免了在操作过程中微生物失水或吸水过多导致死亡的情况发生。0.85%生理盐水对于较多种类的微生物渗透压的维持具有一定作用，特别是对于那些活跃度较差的微生物。但 0.85%生理盐水也不是任何情况下都适用的，对于盐分较高的样品，则不适合采用生理盐水，此种条件下使用蒸馏水更合适。磷酸盐缓冲稀释液是出口食品行业检验标准检测菌落总数时所推荐的，在国家标准中没有明确指出，只是一般性推荐生理盐水。由于磷酸盐缓冲稀释液配制较为复杂，所以正常情况下的样品检测一般使用 0.85%生理盐水。

（四）无菌水

无菌水通常是指灭菌后的蒸馏水。霉菌以及酵母检验的稀释液用的就是蒸馏水。当待检测样品本身存有较高的盐分时，会选用蒸馏水作为稀释液。

（五）蛋白胨

蛋白胨是动植物蛋白经酶水解后的多肽混合物、胨、肽及氨基酸等复杂的混合物，拥有较强的吸湿性，易溶于水，属于两性电解质，具有一定的缓冲作用。有研究者在做实验时用蛋白胨水代替磷酸盐或者生理盐水稀释，目的是让样品中的菌种在稀释过程中保持活性，免于死亡，但是稀释时间一定要控制在 15 min 之内。

第五节　接种与培养

一、接种

（一）概念

在灭菌条件下，利用接种工具（针、环）将微生物接到适于生长繁殖的人工培养基上或活的生物体内的过程即为接种。接种是科学研究及环境中微生物检测前处理技术中的一项最基本的操作技术。不论是微生物的分离、培养、纯化或鉴定，还是微生物的形态观察和生理研究，都必须进行接种。接种的关键步骤就是要进行严格的无菌操作，若因操作不规范造成污染，则会导致实验结果不可靠，进而影响下一步工作的进行。

（二）接种工具和方法

1. 接种工具

实验室中使用最多的接种工具为接种针和接种环。由于接种具有不同的方法和要求，接种针的尖端部分经常被做成不同的形状，如刀形、把形等；而对于液体接种，经常将滴管和吸管作为接种工具；若要均匀涂布固体培养基表面的菌液，则需要使用涂布棒。

2．接种方法

（1）划线接种

该方法是实验室中最常使用的接种方法，即在固体培养基表面做来回的直线形移动，便可达到接种的作用。划线接种分为斜面接种法和平板划线法两种方法。常用的接种工具有接种针和接种环等，是斜面接种和平板划线中的常用方法。

斜面接种法主要用来接种纯菌，使其增殖后用来鉴定、保存菌种或者观察细菌的某些培养特征。斜面接种方法是将菌种斜面培养基（简称菌种管）与待接种的新鲜斜面培养基（简称接种管）放在左手的拇指、食指、中指以及无名指之间，放置顺序为菌种管在前，接种管在后，斜面向上管口对齐，保证试管呈 0°～45°角，要能清楚地看到两个试管的斜面（切勿持成水平，以防试管底部凝集水浸湿培养基表面）。右手在酒精灯火焰旁连续转动两管棉塞，使其松动，便于接种时将其取出。右手置于接种环柄处，将接种环垂直放在酒精灯火焰上灼烧，要保证镍铬丝部分（环和丝）和手柄部分的金属杆都必须被火焰灼烧过一遍，防止灭菌不彻底。用右手的小指和手掌之间以及无名指和小指之间拔出试管棉塞，并使试管口从酒精灯火焰上通过，以除掉可能沾污的微生物，棉塞应始终夹在手中，若不小心掉落则应更换新的无菌棉塞。将灼烧灭菌的接种环插入菌种管内，先接触无菌苔生长的培养基，待冷却后再从斜面上刮取少许菌苔取出（接种环切勿通过酒精灯火焰，应在火焰旁迅速插入接种管），在接种管中由下至上做 s 形划线。接种完毕后，接种环应通过酒精灯火熔抽出管口，并迅速塞上棉塞。再次灼烧接种环后，将其放回原处，并塞紧棉塞。最后，贴好标签做好标记后再放回试管架，即可进行培养。在进行接种时，切记不要使接种针（环）碰到管壁，也不要划破培养基，但也不能在试管空间划，一定要接触到斜面表面上划线接种。

平板划线是指把混杂在一起的微生物或者同一微生物全体中的不同细胞用接种环接种在平板培养基表面，通过分区划线稀释得到较多独立分布的单个细胞，经培养以后生长繁殖成单独的菌落，我们通常把这种繁殖成的单菌落当作待分离微生物的纯种。

（2）三点接种

三点接种，即将少量的微生物接种在平板表面上，使其成为等边三角形的三点，各自独立形成菌落后，进行形态的观察以及研究。除三点外，也存在一点或多点进行接种的。三点接种经常被用来研究霉菌形态。

（3）穿刺接种

该方法包括垂直和水平两种方法。穿刺接种多用来保存菌种、研究微生物的动力以及厌氧培养，同时也可用作观察细菌的部分生化反应。操作方法和注意事项与斜面接种法基本相同，但使用的接种工具必须是笔直的接种针而非接种环。它的做法是：用灭菌接种针从菌种管中蘸取少量的菌种，沿培养基中心（半固体或一般琼脂高层）向管底（但不能完全刺到管底）做直线穿刺，接种针应沿原路退出（注意勿使接种针在培养基内左右移动，以使穿刺线整齐，便于观察生长结果）。若某细菌具有鞭毛而能运动，则在穿刺线周围能够生长。

（4）浇混接种

该法是将待接种的微生物事先放入培养皿中，然后倒入冷却至 45 ℃左右的固体培养基中，迅速轻轻摇匀，从而达到菌液稀释的目的。待平板冷却凝固以后，将其置于适宜的温度下进行培养，即可长出单个的微生物菌落。

（5）涂布接种

涂布接种是一种微生物学实验中常用的接种方法，不仅可以用来计算活菌数，还可以利用其在平板表面生长形成菌苔的特点用于检测化学因素对微生物的抑杀效应，与浇混接种略有不同，涂布接种是先倒好平板，使其凝固，再将菌液倒入平板上，迅速用涂布棒在表面做来回左右的涂布，使菌液均匀分布，进而长出单个微生物的菌落，达到分离的目的。

若将含菌材料加入较烫的培养基中再倒平板，会造成某些热敏感菌的死亡；若是采用稀释倒平板法，则会使一些被固定在琼脂中间的好氧菌因缺乏氧气而无法生长。因此，涂布平板法被认为是生物学研究中最常用的纯种分离方法。

（6）液体接种

从固体培养基中将菌洗掉，倒入液体培养基中；或者从液体培养物中，用移液管将菌液接至液体培养基中；或从液体培养物中将菌液移至固体培养基中，都可称为液体接种。液体培养基一般在培养 18～24 h 后观察生长特征（如发育程度、浑浊度、沉淀或气味等）。该接种方法多用于增菌液进行增菌培养，也可用纯培养菌接种液体培养基进行生化试验，其操作方法与斜面接种法基本相同，现将不同点介绍如下。

由斜面培养物接种至液体培养基时，用接种环从斜面上蘸取少许菌苔，接至液体培养基时应在管内靠近液面试管壁上将菌苔轻轻研磨并轻轻振荡，或者将接种环在液体内振摇几次。接种霉菌菌种时，若接种环不易挑起培养物，可以选择接种钩或者接种铲进行。

由液体培养物接种液体培养基时，可以使用接种环或者接种针提取少许液体移至新液体培养基即可；也可以根据需要选用适宜的接种工具，如吸管、滴管或注射器等。

接种液体培养物时要特别注意：切勿使菌液溅在工作台或者其他器皿上，以免造成交叉污染。若不小心沾污，可使用酒精棉球灼烧灭菌后，再用消毒液擦净。凡是吸过菌液的吸管或者滴管，应立即放入盛有消毒液的容器中。

（7）注射接种

注射接种就是利用注射的方法将待接种的微生物转接至活的生物体内，如人或者其他动物。常见的疫苗预防接种，就是用的注射接种的方法，以预防某些疾病的发生。

（8）活体接种

该法是专门用于培养病毒或者其他病原微生物的一种办法，因为病毒必须接种于活的生物体内才可以生长并繁殖。所用的活体可以是整个动物，也可以是某个离体的活组织，例如猴肾或者发育的鸡胚，接种的方式为注射或者拌料喂养。

（9）富集培养法

富集培养法，即人为创造特定的条件使我们所需的微生物生长。在这样的条件下，我们所需要的微生物能有效地与其他微生物进行竞争，并且在生长能力方面远远超过其他微生物。如果要分离一些专性寄生菌，就必须把样品接种到相应敏感宿主细胞群体中，使其大量生长。通过多次重复移种便可得到纯的寄生菌。

（10）厌氧法

为了分离某些厌氧菌，在实验室中会利用装有原培养基的试管作为培养容器，将其置于沸水水浴中加热数分钟，以便除去培养基中存在的溶解氧。然后快速冷却，并进行接种。接种后，于培养基中加入无菌石蜡，使培养基与空气隔绝。另一种方法是，在接种后，利用 N_2 或 CO_2 取代培养基中的气体，然后在酒精灯火焰上把试管口密封。为了更有效地分离某些厌氧菌，可以把所分离的样品接种于培养基上，之后再把培养皿置于完全密封的厌氧培养装置中。

二、培养

微生物培养，是指借助人工配制的培养基和人为创造的培养条件（如培养温度等），使某些（种）微生物快速生长繁殖。微生物的生长，除了受本身的遗传特性决定，还受到许多外界因素的影响，如营养物浓度、温度、水分、氧气、pH 等。微生物的种类不同，培养的方式和条件也不尽相同。

（一）影响微生物生长的因素

1. 营养物浓度

微生物的生长率与营养物的浓度有关：$\mu = \mu_{\max} \cdot C/(K + C)$。营养物浓度与生长率的关系曲线是典型的双曲线。

K 值是微生物生长基本的特性常数。它的数值很小，表明微生物所需要的营养浓度非常低，所以在自然界中，微生物分布广，数量多。然而营养太低时，微生物生长就会遇到困难，甚至还会死亡。这是因为除了生长需要能量以外，微生物还需要能量来维持它的生存。这种能量称为维持能。另一方面，随着营养物浓度的增加，生长率会逐渐接近最大值。

2. 温度

在一定的温度范围内，温度对微生物生长的影响具体有以下几种。

（1）影响酶活性

微生物生长过程中所发生的一系列化学反应绝大多数是在特定静催化下完成的，每种酶都有最适的酶促反应温度，温度变化影响酶促反应速率，最终影响细胞物质合成。

（2）影响细胞质膜的流动性

温度高，流动性大，有利于物质的运输；温度低，流动性降低，不利于物质运输。因此，温度变化影响营养物质的吸收与代谢产物的分泌。

（3）影响物质的溶解度

物质只有溶于水才能被机体吸收或分泌。除气体物质以外，温度上升物质的溶解度增加，温度降低物质的溶解度降低，最终影响微生物的生长。

3. 水分

水分是微生物进行生长的必要条件。芽孢、孢子萌发，首先需要水分。微生物是不能脱离水面生存的。但是微生物只能在水溶液中生长，而不能生活在纯水中。各种微生物在不能生长发育的水分活性范围内，均具有狭小的适当的水分活性区域。

4. 氧气

按照微生物对氧气的需要情况，可将它们分为以下 5 个类型。

（1）好氧微生物

这类微生物需要氧气以供呼吸之用。没有氧气，便不能生长，但是高浓度的氧气对好氧微生物也是有毒的。很多好氧微生物不能在氧气浓度大于大气中氧气浓度的条件下生长。绝大多数微生物都属于这个类型。

（2）兼性需氧微生物

这类微生物在有氧气存在和无氧气存在情况下，都能生长，只是所进行的代谢途径不同。在无氧气存在的条件下，它进行发酵作用，例如酵母菌的无氧乙醇发酵。

（3）微好氧微生物

这类微生物是需要氧气的，但只在 0.2 个大气压下生长最好。这可能是由于它们含有在强氧化条件下失活的酶，因而只能在低压下作用。

（4）耐氧微生物

这类微生物在生长过程中，不需要氧气，但也不怕氧气存在，不会被氧气灭杀。

（5）专性厌氧微生物

这类微生物在生长过程中，不需要分子氧。分子氧的存在对它们的生长产生毒害，不是被抑制，就是被灭杀。

5. pH

微生物生长过程中机体内发生的绝大多数的反应是酶促反应，而酶促反应都有一个最适 pH 范围，在此范围内只要条件适合，酶促反应速率最高，微生物速率最大，因此微生物也有一个最适生长的 pH 范围。此外微生物生长还有一个最低与最高的 pH 范围，低于或高出这个范围，微生物的生长就被抑制。不同种类的微生物生长的最适、最低与最高的 pH 范围也不同（表 5-5-1）。

表 5-5-1　微生物与 pH 的关系

微生物	最低 pH	最适 pH	最高 pH
细菌	3～5	6.5～7.5	8～10
酵母菌	2～3	4.5～5.5	7～8
霉菌	1～3	4.5～5.5	7～8

（二）培养箱

培养箱有多种类型，它的作用在于为微生物的生长提供一个适宜的环境。生化培养箱只能控制温度，可作为一般细菌的平板培养；霉菌培养箱可以控制温度和湿度，可用作霉菌的培养；CO_2 培养箱适用于厌氧微生物的培养。

培养箱主要用于实验室微生物的培养，为微生物的生长提供一个适宜的环境。培养箱有以下几种。

1. 普通培养箱

普通培养箱是指温度可控，主要用于培养微生物、植物和动物细胞的箱体装置，有的具有制冷和加热的双向调温系统，是生物、农业、医药、环保等科研部门的基本实验设备，广泛应用于恒温培养、恒温反应等试验。培养箱的特点主要有：箱体采用聚氨酯等泡沫塑料作为隔热材料，对外源冷、热都有较好的隔绝能力；内腔多采用不锈钢制作，有较强的抗腐蚀能力；具有加热、制冷以及自动温控装置，能灵敏地调节箱内温度。

2. 生化培养箱

生化培养箱具有制冷和加热双向调温系统，温度可控，是生物、遗传工程、医学、卫生防疫、环境保护、农林畜牧等行业的科研机构、大专院校、生产单位或部门实验室的重要试验设备，广泛应用于低温恒温试验、培养试验、环境试验等。生化培养箱控制器电路由温度传感器、电压比较器和控制执行电路组成。

3. 恒温恒湿培养箱

恒温恒湿培养箱是具备恒温、恒湿功能的高精度实验室设备，是生物工程、卫生防疫、化工、制药、饮料、食品、农业、水产、畜牧等科研部门以及各大院校的理想之选，广泛应用于药物、纺织、食品加工等无菌试验、稳定性检查以及工业产品的原料性能、产品包装、产品寿命等的测试，以及霉菌、组织细胞、微生物、抗生物的培养及其他用途的恒温恒湿试验。恒温恒湿培养箱可以作为生化培养箱使用。

4. 厌氧培养箱

厌氧培养箱亦称厌氧工作站或厌氧手套箱。厌氧培养箱是一种在无氧环境条件下进行细菌培养及操作的专用装置。它能提供严格的厌氧环境、恒定的温度并具有一个系统化、科学化的工作区域，适用于厌氧微生物的培养。

（三）培养方法

1. 根据培养时是否需要氧气分类

可分为好氧培养和厌氧培养两大类。

（1）好氧培养

好氧培养也称"好气培养"。就是说这种微生物在培养时，需要有氧气加入，否则就不能良好生长。在实验室中，斜面培养是通过棉花塞从外界获得无菌的空气。三角烧瓶液体培养多数是通过摇床振荡，使外界的空气源源不断地进入瓶中。

（2）厌氧培养

厌氧培养也称"厌气培养"。这类微生物在培养时，不需要氧气参加。在厌氧微生物的培养过程中，最重要的一点就是要除去培养基中的氧气。一般可采用下列几种方法。① 降低培养基中的氧化还原电位。常将还原剂如谷胱甘肽、硫基醋酸盐等加入培养基中；或将一些动物的组织如牛心、羊脑加入培养基中，也适合厌氧菌的生长。② 化合去氧。可用焦性没食子酸吸收氧气；用磷吸收氧气；用好氧菌与厌氧混合培养吸收氧气；用植物组织如发芽的种子吸收氧气；用氢气与氧化合的方法除氧。③ 隔绝阻氧。深层液体培养；用液状石蜡封存；半固体穿刺培养。④ 替代驱氧。用二氧化碳驱代氧气；用氮气驱代氧气；用真空驱代氧气；用氢气驱代氧气；用混合气体驱代氧气。

2. 根据培养基的物理状态分类

可分为固体培养和液体培养两大类。

（1）固体培养

固体培养是将菌种接至疏松而富有营养的固体培养基中，在合适的条件下进行微生物培养的方法。

（2）液体培养

在实验中，通过液体培养可以使微生物迅速繁殖，获得大量的培养物，在一定条件下，其是微生物选择性增菌的有效方法。

参考文献

[1] 陈玲，赵建夫，仇雁翎. 环境监测 [M]. 2 版. 北京：化学工业出版社，2014.

[2] 刘崇华，董夫银，等. 化学检测实验室质量控制技术 [M]. 北京：化学工业出版社，2013.

[3] 吴邦灿，李国刚，邢冠华. 环境监测质量管理 [M]. 北京：中国环境科学出版社，2011.

[4] 奚旦立，孙裕生，刘秀英. 环境监测（修订本）[M]. 北京：高等教育出版社，1996.

[5] 陈亢利，钱先友，许浩瀚. 物理性污染与防治 [M]. 北京：化学工业出版社，2006.

[6] 程生平，赵云章，张良，等. 河南淮河平原地下水污染研究 [M]. 武汉：中国地质大学出版社，2011.

[7] 周心如，杨俊佼，柯以侃. 化验员读本化学分析：上册 [M]. 5 版. 北京：化学工业出版社，2017.

[8] 欧阳钢峰，波利西恩. 固相微萃取：原理与应用 [M]. 北京：化学工业出版社，2012.

[9] 宋化民，杨昌炎. 环境管理基础及管理体系标准教程 [M]. 北京：中国地质大学出版社，2011.

[10] 吴采樱. 固相微萃取 [M]. 北京：化学工业出版社，2012.

[11] 李平. 环境监测中有机污染物样品前处理技术研究进展 [J]. 生物化工，2016，2（3）：71-74.

[12] 黄维妮，林子俺. 色谱分析中样品前处理技术的发展动态 [J]. 色谱，2021，39（1）：1-3.

[13] 何园缘，刘波，张凌云，等. 水环境样品前处理技术研究进展 [J]. 城镇供水，2018（5）：40-45.

［14］杨阳.土壤中重金属检测样品前处理技术初探［J］.南方农机，2020，51（17）：80-81.

［15］丁家骥.化学检验中样品的预处理技术探析［J］.信息记录材料，2020，21（2）：247-248.

［16］周智.环境监测中的样品前处理技术探讨［J］.资源节约与环保，2019（6）：66.

［17］俞天奇，茅学鹏，缪雨恒.环境检测中离子色谱技术的应用［J］.山西化工，2023，43（5）：132-134.

［18］陈正.基于环境检测技术中存在的问题及解决措施探讨［J］.清洗世界，2023，39（5）：187-189.

［19］刘毅.离子色谱技术在水环境检测中的应用思考［J］.清洗世界，2023，39（4）：86-88.

［20］刘成鹏.环境检测质量的主要影响因素及对策分析［J］.山西化工，2023，43（4）：244-246＋249.

［21］汪晗.基于信道状态信息的室内环境检测技术研究［D］.杭州：浙江工业大学，2020.

［22］杜彤彤.不同样品前处理技术对环境中几种有毒污染物的应用研究［D］.兰州：西北师范大学，2019.

［23］李红飞.智能水环境检测系统设计［D］.西宁：青海师范大学，2017.

［24］江璐依.新型样品前处理技术在中药活性成分分析中的应用［D］.杭州：浙江工业大学，2020.

［25］杨博宇.生物环境检测功能碳化聚合物点的制备及研究［D］.长春：长春工业大学，2021.

［26］王凌霄.新型量子点的设计制备及其在环境检测中的应用［D］.北京：华北电力大学，2022.

［27］贾文惠.样品前处理技术辅助的食品或环境中小分子污染物分析方法研究［D］.曲阜：曲阜师范大学，2022.

［28］刘迪.复杂基质样品分析前处理技术的研究及应用［D］.石家庄：河北医科大学，2020.

［29］胡振铭.集成样品前处理的实时荧光定量 PCR 装置［D］.杭州：浙江大学，2021.

［30］于隽鹏.便携式环境检测装置［D］.哈尔滨：黑龙江大学，2017.